广西丘陵山地带矿山生态修复
——以南宁市废弃矿山生态修复为例

GUANGXI QIULING SHAN DIDAI KUANGSHAN SHENGTAI XIUFU
——YI NANNING SHI FEIQI KUANGSHAN SHENGTAI XIUFU WEILI

主　编：叶宗达　黄玉莉　江　凡
副主编：韦文光　何燕君　陆小钢　廖　千

图书在版编目(CIP)数据

广西丘陵山地带矿山生态修复:以南宁市废弃矿山生态修复为例/叶宗达,黄玉莉,江凡主编.—武汉:中国地质大学出版社,2024.11.—ISBN 978-7-5625-5965-8

Ⅰ.X322.267

中国国家版本馆 CIP 数据核字第 2024A6L833 号

广西丘陵山地带矿山生态修复	叶宗达 黄玉莉 江 凡 主 编
——以南宁市废弃矿山生态修复为例	韦文光 何燕君 陆小钢 廖 千 副主编

责任编辑:韩 骑	选题策划:韩 骑	责任校对:张咏梅
出版发行:中国地质大学出版社(武汉市洪山区鲁磨路388号)		邮编:430074
电 话:(027)67883511	传 真:(027)67883580	E-mail:cbb@cug.edu.cn
经 销:全国新华书店		http://cugp.cug.edu.cn
开本:787mm×1092mm 1/16		字数:271千字 印张:11
版次:2024年11月第1版		印次:2024年11月第1次印刷
印刷:武汉精一佳印刷有限公司		
ISBN 978-7-5625-5965-8		定价:168.00元

如有印装质量问题请与印刷厂联系调换

《广西丘陵山地带矿山生态修复——以南宁市废弃矿山生态修复为例》
编委会

主编单位：广西壮族自治区自然资源生态修复中心

南方石山地区矿山地质环境修复工程技术创新中心

主　　编：叶宗达　黄玉莉　江　凡

副 主 编：韦文光　何燕君　陆小钢　廖　千

编　　委：陆英睿　王显彬　王朝胜　吴　静　黄　佳　赖　科

　　　　　林志强　张春云　段向锋　周　海　邹雄宇　莫佳蓉

　　　　　陈　宇　苏浩林　蔡金霖　徐　军　黄　乐　史　佳

　　　　　赵　雨　梁家珲　向星多　霍洪鈃　伍婷婷　陈雨欣

　　　　　黎瀚鸿　陈昌兴

序

矿产资源是人类赖以生存和社会发展的重要物质基础,在几千年以前,我们的祖先就学会了如何开发和利用矿产资源。然而,矿产资源的大规模、无序开发严重破坏了矿区生态环境,形成了大量废弃矿山。随着社会的发展和人类的进步,矿产资源开发与生态环境破坏的矛盾问题日益引起党和国家的高度重视。党的十八大以来,以习近平同志为核心的党中央把生态文明建设作为统筹推进"五位一体"总体布局和协调推进"四个全面"战略布局的重要内容,极大地推动了废弃矿山生态修复工作的开展。在生态文明建设进程中,逐步破解高质量发展与生态保护矛盾的同时,迫切需要加快解决历史遗留废弃矿山的生态破坏问题。

我国矿山生态修复工作总体上起步较晚,历史遗留的废弃矿山点多面广,矿山生态破坏"欠账"多,治理资金投入不足等问题长期存在。为加快解决历史遗留的废弃矿山问题,2019年自然资源部出台了《关于建立激励机制加快推进矿山生态修复的意见》,破解资金投入不足瓶颈,推行市场化运作、开发式治理、科学性利用的模式,加快推进矿山生态修复;2022年自然资源部印发《"十四五"历史遗留矿山生态修复行动计划》,指导各地科学部署和实施"十四五"历史遗留矿山生态修复工作。

近年来,广西以习近平生态文明思想为指导,牢固树立山水林田湖草沙是生命共同体理念,深入贯彻习近平总书记关于广西工作的重要指示精神,用好生态修复各项政策,按照"整体保护、系统修复、综合治理"的思路,积极筹措资金支持推进历史遗留废弃矿山生态修复。"十四五"期间,广西计划完成废弃矿山生态修复面积159 km^2,组织实施示范项目14个(国家支持的历史遗留废弃矿山生态修复示范工程1个、自治区历史遗留矿山生态修复重大工程13个),预计修复历史遗留废弃矿山面积超4 506.30 hm^2。截至2020年12月,广西仍有未治理的废弃矿山面积237 km^2,其中有责任主体的废弃矿山面积66 km^2,无责任主体的历史遗留矿山面积171 km^2。

南宁作为广西首府,素有"中国绿城"的美誉,是全国首批"国家生态园林城市"、全国首批海绵城市建设优秀试点城市。在矿山生态修复方面,南宁市组织实施的"广西南方丘陵山地带(南宁)历史遗留废弃矿山生态修复示范工程",是广西第一个,也是目前唯一一个国家级历史遗留废弃矿山生态修复示范工程。同时,南宁园博园矿坑生态修复项目是广西入选自然资源部国土空间生态修复典型案例集的首个历史遗留废弃矿山生态修复项目,并在全国首届自然资源与生态文明论坛上发布。

为总结南宁市废弃矿山生态修复的典型经验做法,加快推进广西矿山生态修复项目的实施,叶宗达、黄玉莉、江凡等编著了《广西丘陵山地带矿山生态修复——以南宁市废弃矿山生态修复为例》一书,旨在分享矿山生态修复经验和成果,为其他区域开展矿山生态修复工作提供示范,也期望为各级政府部门、相关领域的学者、企业、社会公众提供参考和借鉴。

2024 年 10 月 12 日

前　言

南宁市位于我国生态安全战略"三区四带"中的南方丘陵山地带，是我国南方的重要生态安全屏障，属于桂黔滇喀斯特石漠化防治国家重点生态功能区的重要区域，生态地位十分重要。广西壮族自治区党委、自治区政府和南宁市委、市政府始终牢记习近平总书记"保护好广西的山山水水"的殷切嘱托和"广西生态优势金不换"的重要指示，按照保证生态安全、突出生态功能、兼顾生态风貌的次序，划定了南宁市"一屏两核一带八区一城"的国土空间生态修复格局，确定了6项生态修复任务，从市县域多方位规划了青山、碧水、锦田、筑境、构网共5个项目17个重点生态修复工程。在矿山修复方面，明确了"十四五"期间南宁市历史遗留矿山和有责任主体废弃矿山生态修复年度工作任务、责任主体和绩效目标，有目的、有方向地指导了各县（市、区）有序开展工作。开展"广西南方丘陵山地带（南宁）历史遗留废弃矿山生态修复示范工程"，按"一屏一带四单元"矿山生态修复总体布局，部署八大矿山生态修复子工程，预计完成 $1100hm^2$ 生态修复面积，清零历史遗留废弃矿山"生态疤痕"，助力绿城南宁"披绿生金"。南宁市废弃矿山生态修复成效获得了自然资源部门户网站、《人民日报》、《中国自然资源报》等多家媒体的报道。南宁园博园矿坑生态修复项目是广西入选自然资源部国土空间生态修复典型案例集的首个历史遗留废弃矿山生态修复项目，并在全国首届自然资源与生态文明论坛上发布。南宁市隆安县宝塔新区点灯山废弃矿山生态修复综合治理项目被列入自治区国土空间生态修复典型案例，在全区得到推广和普及。研究南宁市废弃矿山生态修复的典型经验做法，对广西矿山生态修复项目的实施具有重要的示范引领作用。

本书主要采取文献研究法和典型调查法，在对南宁历史遗留废弃矿山生态修复进行分析的基础上，选取了废弃矿山生态修复效果显著的"广西南方丘陵山地带（南宁）历史遗留废弃矿山生态修复示范工程"及其8个子项目进行详细研究，通过收集、整理广西南方丘陵山地带（南宁）历史遗留废弃矿山生态修复示范工程实施方案及其项目的总结、评估报告等材料，形成可应用于广西丘陵山地带的历史遗留废弃矿山生态修复的经验做法，从而为相关领域的学术研究和实践工作提供有益的参考与借鉴。

全书针对南宁市历史遗留废弃矿山存在的矿山地质安全隐患、地形地貌和动植物生境破坏、土地资源损毁、水土流失及石漠化等问题，结合喀斯特地质特点，介绍了南宁废弃矿山生态修复整体规划和方法技术。第一章为矿山生态修复概况，包括矿山生态修复内涵、我国矿山生态修复现状及相关政策、矿山修复经典案例；第二章为南宁市废弃矿山生态修复背景，包括区域概况、生态问题及问题分析、矿山生态修复基础；第三章为南宁废弃矿山生态修复重要性，分析了修复可行性，并介绍其亮点工程对广西或者国内其他类似矿山的示范作用；第四章为南宁生态修复工程整体设计、修复范围、修复单元规划及其工程内容；第五章为修复方法与技术,典型工程的生态修复设计方案;第六章为矿山生态修复监测系统的详细内容;第七章为资金与管理保障;第八章为南宁市矿山生态修复的效益分析。本书的亮点在于设计了高陡边坡治理及生态修复、土地复垦利用、矿山修复+光伏风电资源利用3种典型工程案例。

  本书的编写和出版是广西绿色发展阶段性成果的展示,将有助于推动历史遗留废弃矿山生态修复领域的研究和实践工作。一方面,本书可为政府决策部门提供科学的参考依据,促进相关政策的制定和实施;另一方面,可为从事矿山生态修复的企业和科研机构提供技术支持与指导,以推动技术的创新和应用。此外,本书还有助于提高公众对矿山生态修复问题的认识和关注度,形成全社会共同参与的良好氛围,其模式和经验可为相关领域的学术研究、实践工作提供有益的参考与借鉴。

  在本书编写和出版的过程中,笔者得到了山东大学范秋雁,南宁师范大学何燕君、黄乐、徐军,中国电建集团西北勘测设计研究院有限公司肖翔等众多专家和学者的支持与帮助,感谢他们提供了宝贵的意见和建议。在此,向他们表示衷心的感谢和崇高的敬意。同时,感谢广大读者对本书的关注和支持,希望本书能够为大家带来有益的启示和帮助。

  书中难免存在疏漏之处,欢迎广大读者提出修改意见,以便进一步补充和完善。

笔　者

2024 年 5 月

目 录

第一章 矿山生态修复概况 (1)
- 第一节 矿山生态修复内涵 (1)
- 第二节 国内外矿山生态修复现状及相关政策 (10)
- 第三节 矿山修复经典案例 (17)

第二章 南宁市废弃矿山生态修复背景 (29)
- 第一节 区域概况 (29)
- 第二节 生态问题及问题分析 (45)
- 第三节 矿山生态修复基础 (56)

第三章 南宁市废弃矿山生态修复的重要性 (59)
- 第一节 示范作用 (59)
- 第二节 修复可行性分析 (74)

第四章 南宁废弃矿山生态修复规划 (77)
- 第一节 整体设计 (77)
- 第二节 修复范围 (80)
- 第三节 矿山生态修复单元划分 (84)

第五章 方法与技术 (95)
- 第一节 技术路线 (95)
- 第二节 修复方法 (96)
- 第三节 技术与模式创新 (103)
- 第四节 典型工程设计方案 (109)

第六章 矿山生态修复监测系统 (134)
- 第一节 监测内容 (134)
- 第二节 监测时间及频率 (138)
- 第三节 监测技术 (138)
- 第四节 监测管理 (140)

第七章 资金保障与管理保障 (145)
- 第一节 资金构成 (145)
- 第二节 资金来源 (146)
- 第三节 组织实施 (147)
- 第四节 监督管理 (150)

第八章　效益分析 ……………………………………………………………（153）
　　第一节　总体效益 …………………………………………………………（153）
　　第二节　生态效益 …………………………………………………………（154）
　　第三节　社会效益 …………………………………………………………（155）
　　第四节　经济效益 …………………………………………………………（156）
结　语 ……………………………………………………………………………（158）
参考文献 …………………………………………………………………………（160）

第一章　矿山生态修复概况

第一节　矿山生态修复内涵

自中华人民共和国成立以来,历经七十余载的工农业生产以及现代化进程的持续推进,我国迅速崛起成为世界第二大经济体。在此过程中,国民经济建设对矿产资源的需求极其旺盛,矿产资源开发利用在国民经济建设里所具有的基础地位和作用也在不断攀升。然而,大规模且高强度的矿产资源开发活动,在为国家能源安全与经济发展做出重大贡献的同时,也引发了巨大的生态环境问题。长期以来,"重开发、轻保护"这一不合理的矿产资源开采利用模式催生了大量的废弃矿山。如今,伴随生态文明建设的不断深入,人民对于美好生态环境的需求日益提高,废弃矿区的治理越发受到社会的广泛关注。国家先后颁布了《中华人民共和国国民经济和社会发展第十四个五年规划和2035年远景目标纲要》《全国重要生态系统保护和修复重大工程总体规划(2021—2035年)》,以及相关的专项建设规划等,并对重点区域的矿山生态修复做出了部署。国务院印发《2030年前碳达峰行动方案》,也提出要实施历史遗留矿山生态修复工程。我国历史遗留的矿山数量众多、生态修复任务艰巨繁重,需要采取集中力量、分区分类、科学有序地开展修复治理工作的方案。

一、生态修复基本内涵

生态修复(ecological restoration),是生态恢复重建中的一个重点内容。生态修复起源于19世纪30年代,1980年Cairns主编的《受损生态系统的恢复过程》一书出版,从此它作为生态学的一个分支开始被系统研究。

生态修复是在生态学原理指导下,以生物修复为基础,结合各种物理修复、化学修复以及工程技术措施,通过优化组合,使之达到最佳效果和最低耗费的一种综合的修复污染环境的方法。生态修复的顺利施行,需要生态学、物理学、化学、植物学、微生物学、分子生物学、栽培学和环境工程等多学科的参与。对受损生态系统的修复与维护涉及生态稳定性、生态可塑性及稳态转化等多种生态学理论。

在生态修复的研究和实践中,国内外学者对"生态修复"的理解和界定并不统一,国际上通常称之为"ecological restoration",国际生态修复学会(the Society for Ecological Restoration,SER)将生态修复定义为"协助退化、受损或被破坏生态系统的恢复、重建和改善的过程"。国内学者一般将其定义为"人类协助一个遭到退化、损伤或破坏的生态系统恢复的过程"。目前,学术上沿用得比较多的概念是"生态恢复""生态重建"和"生态修复"。欧美国家主要应用"生态恢复"的称谓,我国也有应用;"生态修复"一词主要应用在我国和日本。这些概念虽然在含义上有所区别,但都具有"恢复和发展"的内涵,即已受到干扰或者损害的系统恢复后使其可持续发展,再次为人们所利用。

从狭义的角度来讲,"生态恢复"着重强调在恢复进程中充分发挥生态系统的自组织与自调节能力,也就是依靠生态系统自身的"能动性"来推动已遭受损害的生态系统恢复至未受损时的状态。"生态修复"则着重强调要将人的主动治理行为与自然的能动性相互结合,促使生态系统修复至有益于人类可持续利用的方向。而"生态重建"所指的是针对那些受损程度极为严重的生态系统,以人工干预作为主导来重建能够替代原有生态平衡的全新生态系统,例如常见的矿坑回填、矿区土地平整、露天矿表土覆盖、植被再植等土地复垦工程。

从广义的角度来讲,"生态修复"涵盖了生态恢复、修复以及重建三重含义。生态修复指的是以受到人类活动或者外部干扰所产生负面影响的生态系统作为对象,旨在让生态系统回归到其正常的发展与演化轨迹,并且同时以提升生态系统的稳定性和可持续性作为目标的一系列有益活动的统称。此外,生态系统的发展往往呈现出一种动态的平衡状态,所修复的是一条被中断的生态轨迹,通过降低人类活动的影响,促使整个生态系统恢复到更为"自然或原始状态"。不管是"生态恢复""生态修复",还是"生态重建",其最终的目的都是让退化或者受损的生态系统回归至一种稳定、健康且可持续发展的状态。

生态修复被视作世界范围内生态保护活动的一个关键构成部分,对于地球的可持续发展有着至关重要的意义,全球理应积极施行修复行动。借助生态修复对当今全球性的生态问题进行系统治理,已然成为国内外学者的普遍共识,并且针对此展开了诸多的研究工作。

国外生态修复的研究主要聚焦于欧美等发达国家。相较于发展中国家而言,发达国家的经济发展更为迅猛,生态问题暴露得也更早,故而所开展的生态修复研究工作也更为领先和全面。

国外生态修复的研究内容极为广泛,不但涵盖对森林、农业土地、工矿金属业开采场地、湿地等单一生态系统或者自然地理要素的生态修复,还包含对生态修复重要性、指标、影响、措施等的分析与评价。

相对来说,我国的生态修复主要是围绕实践需求来推进相关的研究工作,宏观层面的研究相对较少。其中,王震洪等(2006)对生态修复研究的3个历史阶段进行了划分,梳理了国内外有关生态修复理论研究和技术实践研究的相关成果,属于为数不多的针对国土空间生态修复的宏观研究工作。在此之后,众多研究者围绕不同类型的受损生态系统展开了相关的研究工作,这些研究主要集中于矿区、油田、土壤、水环境、植物、湿地、草原、林地生态修复等方面。总体而言,我国早期的生态修复研究更侧重于资源环境领域的生态修复,后期关于景观生态修复的研究则逐渐增多。从研究主题来分析,已经开展的生态修复研究大多集中在生态修复的技术、恢复效果评价、适宜性等方面。不过,近些年来有学者从受损生态系统的自然修复、生态修复对农户生计的影响等新的视角展开研究。就范围而言,研究也从县域逐渐扩展至国家尺度。

现阶段,基于区域、国家以及全球层级都已设定了宏大的生态系统修复目标。联合国宣告2021—2030年为生态系统恢复的10年,其目的在于阻止生态系统恶化并修复那些退化的生态系统,从而造福人类与自然。2020年后,全球生物多样性框架的第一份草案中的行动目标里,明确规定至少要对20%退化的淡水、海洋以及陆地生态系统进行修复。中国的生态修复正面临着前所未有的良好机遇。自党的十八大以来,我国持续践行山水林田湖草沙一体化保护和系统治理,不断加大生态系统保护修复力度,积极推动人与自然和谐共生等生态文明理念。在党的十九大报告中,多次强调"统筹山水林田湖草沙系统治理""推进资源全面节约和循环利用""实施重要生态系统保护和修复重大工程"等内容。

我国始终坚定地秉持节约优先、保护优先、自然恢复为主的方针,构建了以国家公园为主体的自然保护地体系,率先在国际上提出并施行了生态保护红线制度,扎实落实了生物多样性保护重大工程,大力推动了天然林保护修复、退耕还林、还草、还湿等一系列生态保护修复工程,深入开展山水林田湖草沙生态保护修复工程试点,从而稳步增进生态系统的质量与稳定性。在此基础上,我国相关部门也进一步定义了国土空间生态保护修复工程,即在一定国土空间范围内,按照"山水林田湖草沙是生命共同体"的理念,依据国土空间规划以及国土空间生态保护修复等相关专项规划,为提升生态系统的自我恢复能力、增强生态系统的稳定性、促进自然生态系统质量的整体改善和生态产品供应能力的全面增强,遵循自然生态系统演替规律和内在机理,对受损、退化、服务功能下降的若干生态系统进行整体保护、系统修复、综合治理的过程和活动。

总之,围绕生态系统的结构、过程、功能以及生态系统退化对人类福祉的影响等核心科学问题,国内外已展开了大量的研究和实践工作,当前在生态修复方面已拥有许多成熟的技术,但在系统整合、落实成本效益分析以及推动长期可持续性等一系列问题上仍有待进一步解决。

二、矿山生态修复的基本内涵

矿山生态修复(mine ecological restoration)是国土空间生态保护修复中的一个分支,指依靠自然力量或通过人工措施干预,对因矿产资源开采活动造成的地质环境破坏、土地损毁和植被破坏等矿山生态问题进行修复,使矿山地质环境达到稳定、损毁土地得到复垦利用、生态系统功能得到恢复和改善。

矿山生态修复所涵盖的内容十分丰富,诸如"矿区土地复垦""矿山地质环境治理恢复""矿山环境治理恢复"等都属于矿山生态修复的范畴,然而矿山生态修复的内涵却并不仅限于此。矿山生态修复属于一个繁杂的系统工程,不但与环境质量的改善息息相关,还牵涉资源的合理运用、地方经济的发展以及社会的稳定等众多方面。矿山生态环境犹如一个有机的生命体,所以,矿山生态修复需要多学科、多层面的合作以及协调。这个概念主要包含以下几个关键方面。

(1)消除矿山地质环境隐患。矿产资源的勘查和开采活动可能导致矿区地面塌陷、地裂缝、崩塌、滑坡等地质灾害,以及含水层和地形地貌景观的破坏,矿山生态修复的首要任务就是消除矿山地质环境隐患,通过采取预防和治理等措施,确保生态环境的完整性和人民生命财产的安全。

(2)土壤肥力恢复。通常情况下,矿山活动会导致土壤质量降低以及引发土壤侵蚀,从而导致土壤结构被破坏、肥力大量流失,因此矿山生态修复的首要任务便是改良土壤状况,使其肥力得以恢复,可通过土壤改良、添加有机物质以及进行植被覆盖等手段,恢复土壤的肥力与结构,为植被的恢复打造良好的基础条件,提供优质的生物栖息地。

(3)植被恢复。植被是生态系统的关键构成部分,矿山活动往往会对植被覆盖造成严重破坏,在矿山生态修复过程中,可通过种植能够适应本地环境的植物物种,推动植被的生长与恢复,增加生物的多样性,有效防止土壤侵蚀。

(4)生物多样性保护。在植被恢复的过程中,需考虑到生物多样性的保护,尽量采用多样化的物种进行植被恢复,以促进生态平衡。

(5)水文修复。矿山活动可能会导致水体污染和水资源短缺,改变地表和地下水的流向与水量。生态修复需要重建水文条件,包括水系的恢复和污染治理。去除污染物质,恢复水体的水质和生态功能,修复地下水系统,使地下水系统稳定并有益于人类的生产生活。

(6)景观重建。矿山废弃地往往破坏了原有的地形地貌,生态修复需要通过地形整治、植被配置等措施,恢复或重建自然或近自然的景观。

(7)污染治理。处理和净化矿山开采过程中产生的废水、废气和固体废弃物,减小对周边环境和居民健康的危害。

(8)适应性管理与监测。矿山生态修复不是一个短期行为,而是一个长期、持续的过程,基于生态系统的不确定性和对生态系统认识的时限性,需要持续进行监测和评估,对环境进行评估,并根据生态系统变化情况,修正、改进管理和实践措施,以确保修复措施的有效性和可持续性。通过定期监测生态指标和生物多样性,可以及时调整修复策略,保持生态系统的稳定和健康。

(9)社会经济融合。矿山生态修复应考虑当地社区的可持续发展,通过合理的修复活动,不但有助于保护和改善生态环境,而且修复后的矿山区域还可以应用于农业、旅游等产业领域,比如发展生态旅游、特色景观旅游等,同时还能提供更多的就业机会和推动经济增长,促进当地经济的可持续发展。

(10)国际合作与经验分享。矿山生态修复属于一个全球性的挑战,各国可以通过国际合作与经验分享,共同应对矿山活动对生态环境所产生的影响。通过交流最优实践经验和创新技术,可以有效提升矿山生态修复的效果,进而推动可持续发展目标的实现。

矿山生态问题会引发一系列连锁反应,矿山开采不但可能致使地下含水层遭受破坏,还会进一步引发地质灾害、对地表植被造成破坏以及引发水土流失,同时那些以地表植被为食或者以其作为栖息地的动物也会遭受影响。矿山开采会导致土地损毁以及地质环境的破坏,其中地质环境破坏具体体现在地质灾害、含水层结构破坏等多个方面。依据《地质灾害危险性评估规范》(GB/T 40112—2021),地质灾害又可进一步细分为滑坡、崩塌、泥石流、岩溶塌陷、采空塌陷、地裂缝、地面沉降以及不稳定斜坡。故而将矿山生态修复工程定义为:针对矿山开采所引发的地质灾害、地形地貌景观破坏、地下含水层破坏、土地资源损毁等生态环境问题,依据矿山生态学、土地经济学、环境科学、土壤学以及国土空间规划等理论,结合采矿工程的特点,遵循"山水林田湖草沙是生命共同体"这一理念,对矿区受损的生态系统进行恢复或重建而采取的一系列工程技术与生物技术等措施。

矿山生态修复属于生态修复范畴,矿山生态修复是生态修复的一个特定领域,它专注于恢复和改善矿山区域的生态环境。矿山活动通常会对土壤、水源、植被和野生动物等生态系统要素造成破坏,因此矿山生态修复的目的在于通过一系列举措和方式来对受损的生态系统予以恢复与改进,从而达到矿山区域的可持续发展。矿山生态修复与生态修复的关系可以从以下4个方面加以理解。

(1)共同的目标。矿山生态修复与生态修复都聚焦于恢复和改进受损的生态系统,对生物多样性进行保护和维护,并且推动可持续发展得以实现。

(2)领域的特定性。矿山生态修复属于将生态修复原则应用在矿山领域的一项专门性工作。它重点关注矿山活动对生态环境所产生的影响,并运用适宜的措施来对矿山区域的生态系统进行修复和恢复。

(3)技术与方法。矿山生态修复吸收了生态修复的基本原理和方法,如土壤修复、植被恢复以及水体修复等。与此同时,针对矿山所特有的环境问题和挑战,也会采用相应的技术和策略予以应对。

(4)管理与监管。矿山生态修复需要政府、企业以及相关利益方共同做出努力,需要制定对应的管理和监管政策,以保证生态修复工作能够有效施行并受到监督。

总之,矿山生态修复是生态修复在矿山领域的具体应用,旨在恢复和改进受矿山活动影响的生态环境,进而实现矿山区域的可持续发展。它与生态修复具有共同的目标,并且在技术方法和管理等方面存在一定的关联性。

三、矿山生态修复术语定义

废弃矿山(abandoned mine):指经过历史遗留矿山核查已纳入历史遗留矿山数据库中的现存废弃矿山图斑及今后因政策性关闭或其他原因由政府承担治理恢复责任的矿山。

历史遗留矿山(historical legacy mine):指由政府承担治理恢复责任的废弃矿山,包括无法确认治理恢复责任主体的无主废弃矿山和由政府承担治理恢复责任的政策性关闭矿山。

有责任主体的废弃矿山(abandoned mine with responsible subject):指由企业或个人履行治理恢复责任的废弃矿山,包括由企业履行治理恢复责任的政策性关闭矿山和由企业或个人履行治理恢复责任的有主废弃矿山。

矿山生态环境(mine ecological environment):矿山及其周围地区矿业活动影响到的人类生存与发展的水资源、土地资源、生物资源以及气候资源数量与质量的总称。

矿山生态问题(mine ecological problems)：人类为其自身生存和发展，在矿产资源开发利用的过程中，对生态环境破坏和污染所产生的危害人类生存的各种负反馈效应，包括因矿山开采造成的地质环境问题、土地损毁、水资源破坏、地形地貌破坏、生态退化以及矿区水土环境污染等。

矿山生态修复(mine ecological restoration)：针对矿产资源开发造成矿山地质环境问题、土地损毁、水资源破坏、地形地貌破坏、生态退化等，通过预防控制、保护恢复和综合整治措施，使矿山地质环境达到稳定、损毁的土地达到可供利用状态以及生态功能恢复的活动。

自然恢复(natural restoration)：指对生态系统停止人为干扰，以减轻负荷压力，依靠生态系统的自我调节能力和自组织能力使其向有序的方向自然演替和更新恢复。

辅助再生(assisted restoration)：指充分利用生态系统的自我恢复能力，辅以人工促进措施，使退化、受损的生态系统逐步恢复并进入良性循环。

生态重建(ecological reconstruction)：指对因自然灾害或人为破坏导致生态功能受损、生态系统自我恢复能力丧失或发生不可逆变化，以人工措施为主，通过生物、物理、化学、生态或工程技术方法，围绕修复生境、恢复植被、生物多样性重组等过程，重构生态系统并使生态系统进入良性循环。

转型利用(transformation and developmental restoration)：指对符合国土空间规划管控和用途管制的废弃矿山，通过工程措施将采矿损毁土地恢复为耕地等用于农业生产，或恢复为城乡建设用地用于各类建设活动等。

矿山地质安全隐患(mine geological hazards)：指由采矿活动引发或加剧的对人居、生命、财产安全构成威胁的危岩体、不稳定边坡、废弃矿井、地面塌陷、地表开裂等地质安全问题。

矿山土地损毁(mine land damage)：采矿活动造成土地原有功能部分或完全丧失的过程，包括土地挖损、塌陷、压占和污染等损毁类型。

含水层破坏(aquifer breakage)：含水层结构改变、地下水位下降、水量减少或疏干、水质恶化等现象。

地形地貌破坏(landforms and landscape devastation)：因采矿活动而改变原有的地形条件与地貌特征，造成土地毁坏、山体破损、岩石裸露、植被破坏和地质遗迹破坏等现象。

水土环境污染(water and soil pollution)：因采矿活动排放污染物，造成水体、土壤原有理化性状恶化，使其部分或全部丧失原有功能的过程。

地貌重塑(landform reshaping)：根据矿山地貌破坏方式与损毁程度，结合矿山周边地貌特点，通过地形重塑、土地整治、重构截排水系统等措施重新塑造一个与周边地貌相协调的新地貌。

土壤重构(soil reconstruction)：指对矿山损毁土地采用工程、物理、化学、生物等改良措施，重新构造土壤基质，形成适宜植被生长的土壤剖面结构与肥力等条件。

植被重建(vegetation reconstruction)：指综合考虑气候、海拔、坡度、坡向、地表物质组成和有效土层厚度等条件，选择先锋、适地植物物种，实施植被配置、栽植及管护，重新构建持续稳定的植物群落。

废弃地（waste land）：指因采矿活动挖损、塌陷、压占、污染及自然灾害毁损等原因而造成的不能利用的废弃土地。

矿山生态修复监测（mine ecological restoration monitoring）：对矿山生态修复全过程进行的时空动态变化的监测。

矿山生态修复实施方案（implementation plan of mine ecological restoration project）：为消除采矿活动与环境之间相互作用和影响而产生的矿山生态环境问题所编制的可行性研究深度的技术方案。

矿山生态修复工程设计（construction drawing design of mine ecological restoration project）：对矿山生态修复进行的工程设计，包括废弃矿山生态修复工程调查与勘查、设计、监测管护等。

废弃矿山生态修复适宜性评价（evaluation on suitability of abandoned mine ecological restoration）：根据废弃矿山所在区域的生态特征及功能，综合考虑地质环境条件、技术经济可行性和矿山生态问题及其危害等，采用类比法、因子分析法等定性或半定量评估矿山生态修复的适宜性，按照因地制宜、分类施策等原则，合理确定矿山生态修复类型、方法的过程。

四、废弃矿山生态修复基本原则

（1）统筹部署，突出重点。根据区域重大战略和重要生态系统格局，分区部署矿山生态修复，优先实施重点区域、重要流域内生态破坏问题突出、集中连片、严重影响人民群众生产生活的废弃矿山生态修复。

（2）因地制宜，分类施策。根据国土空间规划确定的土地用途，结合区域自然地理状况、地质环境风险、水土环境等客观条件，因地制宜实施矿山废弃地土地复垦、生态修复、整治利用，分类推进废弃矿山生态修复。

（3）尊重自然，科学修复。遵循自然生态系统演替规律，采取近自然解决方案，坚持自然恢复与工程治理相结合、工程治理为自然恢复创造必要条件的原则，注重适应性管理和后期管护，科学实施废弃矿山生态修复。

（4）经济合理，技术可行。坚持财力可能、技术可行、经济实用的原则，采取自然恢复、人工辅助修复、工程修复等不同方式实施矿山生态修复，避免过度工程化。鼓励市场化运作、利用型修复、综合式治理，力求取得良好生态效益和经济社会效益。

五、废弃矿山生态修复方式

废弃矿山存在的主要生态问题为地质环境问题、土地损毁和植被破坏等。根据现场破坏情况，生态修复方式主要有 4 种，分别是自然恢复、辅助再生、生态重建与转型利用。它们的适用条件见表 1.1。

表 1.1　废弃矿山 4 种生态修复方式的适用条件

修复方式	适用条件
自然恢复	自然恢复模式适用于依靠自我调节能力能够逐步得到恢复的生态系统，主要采取物理阻隔与封育技术等，加强保护措施，促进生态系统自然恢复，须同时满足以下条件：①现状无地质安全隐患或局部存在地质安全隐患但无直接威胁对象，地貌形态比较完整，无含水层破坏与水土污染；②修复场地内的生产设施已完成拆除清理，或者不需再拆除清理；③位置较偏远，人为扰动较少的区域；④具备自然恢复的气候，岩石裂隙较发育，周边植被生长较好，预期高陡边坡和裸露岩体经长时间淋滤作用后未来可与周边环境相协调
辅助再生	对于中度受损的生态系统，损毁土地不适合植被生长，需要进行土地平整、表土覆盖和培肥才能使受损生态修复逐步恢复的，在消除地质环境破坏的基础上，采取改善物理环境，参照本地生态系统引入适宜物种，移除导致生态系统退化的物种等中小强度的人工辅助措施，引导和促进生态系统逐步恢复，须同时满足以下条件：①现状无地质环境破坏或局部存在地质环境破坏；②废弃矿山采场底盘裸露的地区废石堆积，土层较薄或基本无土层，表土环境不适合植被生长；③气候条件适合植被生长
生态重建	对于严重受损的生态系统，采取工程措施消除地质环境隐患，围绕地貌重塑、土壤重构、植被重建、生物多样性重组等方面开展生态重建，须同时满足以下条件：①采矿损毁土地存在地质环境破坏，并且具有威胁对象；②地形地貌严重破坏，重金属或其他有毒有害物质可能对周边水土环境造成污染，应由专业部门治理污染后进行生态修复；③裸露地区无地表土或土壤不适合植物生长；④难以依靠自然恢复改善废弃矿山生态，必须采取人类工程措施才能达到生态修复目的
转型利用	对于位于农业空间、城镇空间且综合利用价值大的废弃矿山，优先采用转型利用进行生态修复，须同时满足以下条件：①废弃矿山区位条件、历史人文、地质风貌条件较好；②修复后的土地符合市场需求；③转型利用能带来较大的生态效益或经济效益；④废弃矿山采场底盘的低洼地段，可选择修复为水塘（湖）

六、废弃矿山生态修复工作流程

废弃矿山生态修复一般流程如图 1.1 所示。

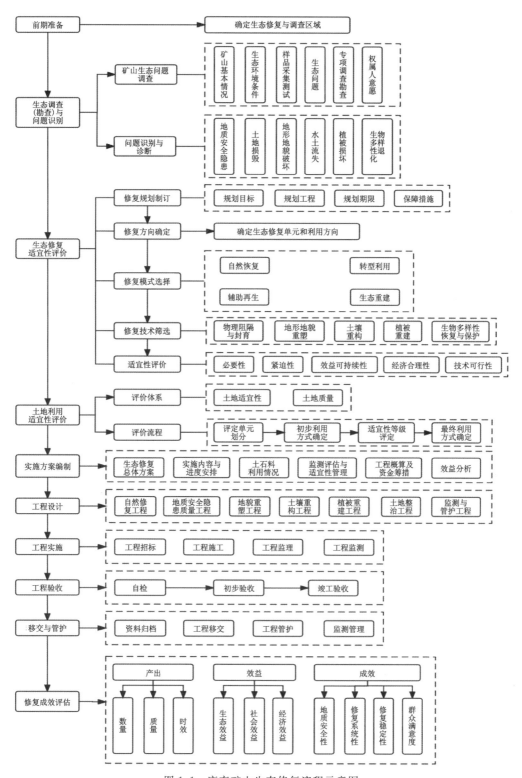

图 1.1 废弃矿山生态修复流程示意图

第二节 国内外矿山生态修复现状及相关政策

一、矿山生态修复现状

在自然条件下,矿山废弃地经过自然演替恢复生境大约需要上百年。因此,通过人工干预恢复矿山废弃地的生态环境显得尤为必要。可以说,矿山生态修复既是缓解土壤流失、荒漠化的重要步骤之一,也是改造、利用、挖掘废弃矿山蕴含价值的重要手段之一。据了解,国内外针对矿山改造的成功案例很多,综合其不同功能与特性,归纳主要有以下7种类型:生态恢复类、生物资源利用类、旅游开发类、复垦造田类、引水造湖类、垃圾处理厂类、仓储类。其中,生态恢复类、旅游开发类占矿山修复案例的一半以上,此类矿山具有较高的修复价值。在实践中,废弃采石场的改造主要是在其自身的土地资源以及独特的自然景观的基础上加入人文景观元素,在修复生态的同时将其改造成湿地公园、生态公园、城市公园等旅游景区。

1. 国内矿山生态修复现状

1)存量大且任务重

我国是世界采矿大国,矿产资源种类繁多,已发现的矿产包括能源矿产、金属矿产、非金属矿产和水气矿产等。截至2022年底,全国已发现173种矿产,其中包括13种能源矿产、59种金属矿产、95种非金属矿产、6种水气矿产。这些矿产地包括大型、中型和小型矿床,而且每年都有新的矿产地被发现。现有各类矿山企业约15.3万个,其中国有矿山7650个,集体企业6.9万个,私营及个体企业5.8万个,其余为其他经济类型企业。根据中国地质调查局以市、县为单元的全国矿山地质环境调查数据,截至2018年,我国共有各类废弃矿山约99 000座。按矿产类型分,非金属矿山约75 000座,金属矿山11 700座,能源矿山12 300座。按生产规模分,大型废弃矿山共有2000座,中型废弃矿山共有4200座,小型废弃矿山共有92 800座。按开采方式分,露天开采的废弃矿山共有80 600座,井工开采的废弃矿山共有16 400座,其他混合开采的废弃矿山2000座。全国废弃矿山空间分布极不均匀,有的区域密集,有的区域稀疏,整体呈现出大中型矿少、小型矿多,建材等非金属矿多、能源和金属矿少,东部多、西部少的趋势。《中国矿产资源报告(2020)》和《2020年煤炭行业发展年度报告》指出,矿山废弃地产生的遗留问题约40%没有治理,且每年新增损毁土地的治理率也仅在40%左右。

矿产是经济发展的基础性资源,为我国经济的高速发展做出巨大贡献,矿产资源为一次性能源、工业原料以及农业生产资料的供给比例分别在95%、80%、70%以上,对发展的重要性不言而喻。因而,矿产普遍处于较高的开采程度,但是这种高强度的开采对矿山生态环境破坏严重,并且是不可逆的。特别是,不合理的矿山开采行为给矿山周边带来严重的生态环境问题,诸如土壤退化、自然景观破坏、地质灾害频发、水资源污染、生物多样性降低等,这些环境问题加剧了矿山生态功能的丧失,最终导致矿山变为废弃地。据统计,废弃地中各类型占地的构成分别为:59%为采矿本身用地,20%为排土场,13%为尾矿,5%为废石堆,3%为塌陷区。

2）治理需求强烈

矿山开采多为露天开采,对山体和植被破坏较为严重,使野生动植物自然栖息地受损,山体崩塌和滑坡、山洪和泥石流等灾害事故时有发生,严重影响矿区周围人民群众的生活。民众迫切需求恢复矿山地质环境和生态环境,治理开采造成的污染,使之与周边自然环境相协调。2021年第二轮中央生态环境保护督察收到大量群众关于矿山开采造成污染的投诉,部分矿山违法占用林地,山体大面积裸露,扬尘污染大气,重金属污染扩散等现象严重,已经作为督察典型案例在生态环境部官网通报。

3）土地复垦率低

自2000年以来,中央财政设立矿山地质环境治理专项资金,重点针对废弃无主矿山、矿产资源枯竭型城市、矿产资源集中连片开采区开展矿山环境治理和生态修复工作。到2015年底,累计投入资金约318亿元,完成矿山环境治理与生态修复面积约2万hm^2,治理矿山崩塌、滑坡、泥石流等地质灾害4916处,治理修复矿山数量1773个,38个资源枯竭城市的矿山环境得到初步治理,33个矿产集中开采区域生态环境得到修复和改善。到2018年底,我国废弃矿山占用、损毁的土地面积为226.7万hm^2,并以每年(3.3~4.7)万hm^2的速度增加。通过研究我国新增矿山恢复治理面积的数据发现,2017—2020年该项工作处于一个较为平稳的发展阶段,与在建和生产矿山新增恢复治理面积相比,废弃矿山新增恢复治理面积比重较高,这也从侧面反映出我国"先破坏、后治理"矿山生态修复模式的转变效率还有待继续提高。据相关数据统计,2019年全国新增矿山恢复治理面积约480km^2。其中,在建和生产矿山新增恢复治理面积约192km^2,占40%;废弃矿山新增恢复治理面积约288km^2,占60%。据《2020年煤炭行业发展年度报告》,2020年土地复垦率在57%左右;同时每年新增损毁土地达1万km^2以上,截至2020年,我国新增矿山恢复治理面积见表1.2。由于矿山生态修复供给端和需求端尴尬错配局面,因此我国的矿山修复仍有很大的市场潜力。

表1.2　我国新增矿山恢复治理面积统计表　　　　单位:km^2

年度	在建和生产矿山新增恢复治理面积	废弃矿山新增恢复治理面积	总计
2017	282	161	443
2018	322	330	652
2019	192	288	480
2020	111	305	416

矿山废弃地的生态修复是一项复杂而长期的系统化工程,需要人们综合利用恢复生态学理论,整合土壤、地质、水文、气候以及植被等多种因素,将矿山废弃地恢复为接近采矿前的自然生态状态,或对废弃地进行重建改造为某种用途,或进行景观设计使其与周围环境相协调。

目前,我国矿山生态修复工作取得了显著进展,主要成果如下。

(1)政策法规方面。我国已建立了一系列矿山生态修复相关的政策法规,包括《矿山环境保护管理办法》《矿山生态环境保护与治理规划》《矿山生态环境保护与修复管理办法》等,为矿山生态修复提供了法律依据。

(2)技术手段方面。矿山生态修复技术手段不断创新,包括土地复垦、水土保持、植被恢复、生物修复等。另外,一些先进的技术如生物堆肥、人工湿地等也得到了应用。

(3)资金投入方面。政府加大了对矿山生态修复的资金投入,通过设立专项资金、引导社会资本参与等方式,提供了一定的经济支持。

(4)监管机制方面。加强了对矿山生态修复的监管,实施了生态环境保护督察,对矿山环境违法违规行为进行查处。

2. 国外矿山生态修复现状

20世纪初,西方发达国家就开始了采石场生态修复的相关工作。矿产大国美国、澳大利亚、加拿大等也非常重视矿山生态修复工作。无论从法律法规等"软件"方面,还是从修复技术等"硬件"方面,都为我国提供了很好的借鉴。

美国在矿山生态修复方面处于领先地位,美国在1971年的矿山土地复垦率为79.5%。美国土地复垦的理念主要强调能够恢复到破坏之前的状态,要求使农田和森林恢复原状,要求控制水蚀和有毒物的沉积,保证地表不变和地下水位维持原有水平,保持表土仍在原位置,注重有害和酸性物质的预防和治理,防止堆积物产生滑坡等灾害。美国的矿山生态修复研究涵盖了广泛的领域,包括土地恢复、水资源管理、生物多样性保护等。例如,美国西部的一些大型铜矿山在开采完成后,进行了全面的生态修复工作,包括恢复土壤质量、重建植被、保护野生动植物等。此外,美国还注重矿山生态修复技术的创新和应用,如利用生物修复技术、人工湿地等手段来处理矿区的污染物。美国联邦政府颁布了《矿山再开发和保护法》,要求矿山经营者在矿山开采结束后进行土地恢复和生态修复。美国环境保护署(EPA)制定了《土壤修复指南》,提供了关于矿区土壤污染修复的技术和管理指导。美国各州也制定了各自的矿山生态修复法规。例如,科罗拉多州颁布了《矿山土地恢复法》,要求矿山经营者进行土地恢复和水资源管理。美国联邦政府出台了《露天采矿管理与土地复垦法》(同时适用于露天开采和地下开采)和《废弃矿区的政策和指导》系列文件,以及《废弃矿区生态环境治理修复基金制度》《矿山生态环境治理修复保证金制度》等。在管理机构方面,美国内政部露天采矿与恢复(复垦)办公室专管全国矿山的土地复垦工作,其他部门积极配合其开展工作。

美国生态修复技术起步早,1935年已开始,生态修复技术主要针对土壤、水体、植被三方面。土壤修复技术有固化稳定化、污染物去除、污染阻隔3种,其中固化稳定化成本低,操作简单,效果明显。针对矿山酸性废水和含重金属废水,采用人工湿地(针对低污染)和生物反应器技术(针对高污染),效果很好。生物反应器技术成功应用于利维坦硫矿废弃地。在植被修复方面,常采用喷播,将土壤改良剂与植物种子混合喷播。植被修复通常配合土壤改良,在加利福尼亚峡谷硬岩矿废弃地,无机改良剂采用甜菜石灰,有机改良剂采用木材废料和家畜粪便混合而成的堆肥,将尾矿区成功复垦为草地。

澳大利亚在矿山生态修复方面也有着丰富的经验。澳大利亚的矿山生态修复主要关注水资源管理和生物多样性保护。例如,澳大利亚昆士兰州的一些矿区在矿山开采完成后,进行了水资源恢复和保护工作,包括修复水体的水质、重建湿地等。此外,澳大利亚还注重矿山生态修复与原住民社区的合作,通过传统知识和文化的传承,实现了对矿区生态系统的可持续管理和保护。

在法律法规方面,澳大利亚联邦政府和各州均出台了相关法律法规。联邦政府前后出台了《联邦政府环境保护和生物多样性保护法》《澳大利亚矿山关闭战略框架》《矿业环境保护法》,要求矿山经营者在矿山开采结束后进行生态修复和环境保护。澳大利亚各州和地区也制定了相应的矿山生态修复法规及指南。例如,昆士兰州颁布了《矿山再开发法》,要求矿山经营者进行土地恢复和水资源管理。西澳大利亚州出台了《采矿法》《采矿恢复基金法》《采矿恢复基金条例》《采矿建议的法定准则》《矿山关闭计划指南》《矿山关闭计划的法定准则》等,其他州也有自己的矿山修复立法。

澳大利亚每个州有独立的矿山修复管理部门,如西澳大利亚州设立了一个专门的矿业、工业监管和安全部(DMIRS),确保负责任地开发西澳大利亚州的矿产、石油和地热资源。南澳专门成立了能源和矿业部,负责环境保护和恢复计划及闭矿计划的审批。在进行采矿作业之前,租赁持有人必须持有经过批准的环境保护和恢复计划(PEPR)。澳大利亚矿山生态修复思想重在尽可能恢复至原始状态,开发商开采前需对植被类型数量、分布进行专业详细的调查,并根据拟破坏的情况对植被进行保护性移植;基建时表土单独剥离堆存,用于后期复垦;生产中采取措施防治酸性水及重金属的污染,并查清水土污染范围,以便有针对性地进行污染修复。相关研究证明,磷酸盐可以有效降低铅锌等金属离子的含量,同时能促进植物生长,是一种有效的生态修复材料。

加拿大在矿山生态修复方面也取得了显著的成就。例如,加拿大阿尔伯塔省的矿山生态修复项目利用了先进的土壤修复技术,成功恢复了矿区的土壤质量,并通过种植本土植物和保护野生动物的方式重建了生态系统。此外,加拿大还注重矿山生态修复与社区发展的结合,通过提供就业机会和社区参与,促进社会经济的可持续发展。

加拿大联邦政府和各省均出台了相关法律法规。加拿大联邦政府先后出台了《露天矿和采石场控制与复垦法》《加拿大闭矿和长期债务管理政策框架指导文件》等。加拿大各省也建立了相关政策和法规来管理矿区生态修复。例如,安大略省出台了《矿区修复导则》《矿业开发和闭矿法》《采矿法》等;西北地区出台了《西北地区采矿复垦政策》《西北地区矿山修复指南》等;曼尼托巴省出台了《矿山闭矿规定》《采矿和矿业法》;亚伯达省出台了《保护和修复规定》《土地复垦规定》。各省均制定了矿山复垦保证金制度,矿山复垦保证金由企业缴纳,专款专用,并由第三方监管。加拿大大部分省份由各省依据实际情况制定管理政策,负责矿山闭矿与环境修复工作。制订矿山闭矿复垦环境恢复方案是矿业企业申请采矿权的前提。加拿大矿山生态修复思想重在因地制宜,不强调恢复至原始状态。例如,露天开采可恢复为鱼塘或水坑,废弃采矿场地可修建为公园。

综上所述,美国、澳大利亚和加拿大在矿山生态修复方面展示了丰富的研究成果与经验。这些国家通过创新技术、科学管理和社区合作,成功实现了矿山生态修复的目标,为其他国家和地区提供了宝贵的经验。随着全球对环境保护和可持续发展的日益重视,国际合作和经验交流将进一步推动矿山生态修复工作的发展。

二、矿山生态修复问题

我国自20世纪50年代就开始进行矿山生态修复,但受历史欠账多、法律法规不够完善、条块管理、技术研发力度不够等因素的影响,矿山生态修复面临的问题很多。

1. 对矿山生态修复认识不足

矿山生态修复的前身是"土地复垦",因此许多人对生态修复的认识局限于废弃矿山土地资源的复垦利用。矿山活动,尤其是露天开采,严重破坏了山坡土体结构,加上大型采矿设备的重压导致地面塌陷,土壤裂隙产生。土壤中的营养物质也随着裂隙、地表径流流入采空区或洼地,使许多地方土壤养分短缺,土壤承载力下降,造成土地贫瘠、植被破坏,最终导致矿区大面积人工裸地的形成,使水土更易移动,水土流失加剧。矿山固体废渣经雨水冲刷、淋溶,其中有毒有害成分极易渗入土壤中,造成土壤的酸碱污染,其中主要是强酸性污染、有机毒物污染与重金属污染。废弃矿山对土地资源的毁损,不仅加剧矿区土地资源短缺矛盾,还导致土地经济和生态效益严重下降。执行过程中遵循的"耕地优先"原则,致使很多人误认为土地复垦就是恢复耕地,生态修复就是恢复耕地,而忽略了其他地类的修复,未能很好地进行系统性、整体性治理。

2. 矿山生态修复监管不佳

与矿山生态修复密切相关的法律法规,都对矿山环境的监测监管提出了相关要求。如《土地复垦条例实施办法》第五条:县级以上自然资源主管部门应当建立土地复垦信息管理系统,利用国土资源综合监管平台,对土地复垦情况进行动态监测,及时收集、汇总、分析和发布本行政区域内的土地损毁、土地复垦等数据信息。但是在实际工作过程中,因为矿山位置偏僻分散、基层工作人员数量少、工作任务重等情况,监管情况并不乐观,导致我国矿山生态修复问题"旧账"未还,"新账"持续增加。

3. 修复技术落后,资金压力大

我国矿山生态修复经过40多年的实践与研究,广大科研工作者研发了多种生态修复技术,但新技术的推广应用比较受限。目前我国矿山生态修复多依赖于政府投资,尤其是历史遗留矿山生态修复问题,社会投资很少,因此资金有限。而为了达到更好的修复效果,需采用未开始广泛使用或普及的新技术,成本会有所提高。例如,土壤重构技术、类壤土喷播技术、微生物结皮技术等,这些技术虽然效果较好,但是相比于传统的技术(或者简单、粗放式治理的技术),前几者的投资略大,施工企业应用积极性不高,地方政府也不愿贸然使用新技术,增加财政压力。

三、矿山生态修复政策

矿山生态修复前身为"土地复垦",起源于工业革命历史悠久的德国,众所周知鲁尔区矿山的化腐朽为神奇堪称矿山治理的国际典范。"土地复垦"于20世纪80年代普及于我国,

1989年1月1日施行的《土地复垦规定》(国务院令第19号),标志着我国土地复垦开始走上法制化道路。随着"土地复垦"方案成为每个矿山企业开采之前的必做功课,其以静态治理为主的缺陷逐渐暴露,大家的关注重点慢慢变成废弃矿山和周围生态系统是动态相关联的,需要我们以整体性治理视域下的视角看待,矿山地质环境保护的概念应运而生。此后,矿山地质环境保护与土地复垦一直"出双入对"出现在规范文件中。

矿山生态修复是自然资源部门高度重视的一项工作。为了解决矿山开发对环境造成的破坏、保护自然资源、提高生态环境质量,自然资源部出台了一系列相关文件,推动矿山生态修复工作的开展。

1986年,国家环境保护局发布了《矿山环境保护管理办法》,明确了矿山环境保护的基本原则和要求。然而,由于对矿山生态修复的认识和技术手段的不足,这些政策和法规在实际操作中的效果有限。

进入21世纪,我国开始将生态文明建设作为国家战略,矿山生态修复逐渐成为环境保护和可持续发展的重要组成部分。

2006年,国家发改委和国家环境保护局联合发布了《矿山生态环境保护与治理规划(2006—2010年)》,明确提出了矿山环境保护和生态修复的目标与任务。

2009年,国土资源部印发《矿山地质环境保护规定》(国土资源部令第44号)。"矿山生态修复"托生于"生态屏障是我们不可逾越的底线"这一时代背景之下。

2011年,我国发布了《国土资源"十二五"规划纲要》,其中明确提出了绿色矿山建设的目标,并强调了矿山生态修复的重要性。随后,各地相继制定了具体的矿山生态修复规划和实施方案。

2016年,国土资源部办公厅发布《国家矿山生态环境保护与修复规划(2016—2020年)》,制定了矿山生态环境保护和修复的总体目标、原则和任务,明确了矿山生态环境保护的工作重点和措施,提出了加强矿山生态环境监测和评估、推进矿山生态修复和复垦、加强矿山环境管理等内容。2017年国土资源部办公厅发布了《关于做好矿山地质环境保护与土地复垦方案编报有关工作的通知》(国土资规〔2016〕21号),要求矿山企业矿山地质环境保护与治理恢复方案和土地复垦方案合并编报,意味着这些矿山地质环境的修复问题正式被整合,"矿山生态修复"一词也首次进入大众视野。

2018年,我国发布了《生态环境保护督察工作方案》,通过对各地的生态环境保护工作进行督察,加大对矿山环境违法违规行为的查处力度,推动矿山生态修复工作的落实。

2019年,国务院办公厅印发了《关于加快推进矿业绿色发展的指导意见》,提出了绿色矿山建设的目标和方向,明确了矿山生态修复的重要性和紧迫性。同年,为解决矿山生态修复历史欠账多、现实矛盾多、投入不足等突出问题,自然资源部发布了《关于探索利用市场化方式推进矿山生态修复的意见》,明确激励政策,吸引社会投入,推行市场化运作、科学化治理的模式,加快推进矿山生态修复。

2020年6月,国家发改委、自然资源部印发《全国重要生态系统保护和修复重大工程总体规划(2021—2035年)》,其中重点强调了青藏高原矿山生态修复、黄河重点生态区矿山生态修复、长江重点生态区矿山生态修复、东北地区矿山生态修复、三北地区矿山生态修复。

2021年,财政部办公厅、自然资源部办公厅发布了《关于支持开展历史遗留废弃矿山生态修复示范工程的通知》(财办资环〔2021〕65号),其中特别强调,要坚持节约优先、保护优先、自然恢复为主的方针,以"三区四带"重点生态地区为核心,聚焦生态区位重要、生态问题突出、相对集中连片、严重影响人居环境的历史遗留废弃矿山,重点遴选修复理念先进、工作基础好、典型代表性强、具有复制推广价值的项目,开展历史遗留废弃矿山生态修复示范,突出对国家重大战略的生态支撑,着力提升生态系统质量和碳汇能力。

2022年7月,自然资源部发布《矿山生态修复技术规范 第1部分:通则》(TD/T 1070.1—2022)等7项行业标准,这几项行业标准的出台,不仅对矿山生态修复起到重要的"标准化指导"作用,而且对规范呼之欲出的矿山生态修复大市场、加快推进国土空间生态修复具有重要意义。2023年,自然资源部根据《自然资源部关于做好采矿用地保障的通知》(自然资发〔2022〕202号),发布《自然资源部办公厅关于明确存量采矿用地复垦修复土地验收有关要求的通知》,为落实采矿项目新增用地与复垦修复存量采矿用地相挂钩有关要求,规范存量采矿用地复垦修复土地验收工作。

2023年7月17日习近平总书记在全国生态环境保护大会上强调,今后5年是美丽中国建设的重要时期,要深入贯彻新时代中国特色社会主义生态文明思想,坚持以人民为中心,牢固树立和坚定践行绿水青山就是金山银山的理念,把建设美丽中国摆在强国建设、民族复兴的突出位置,推动城乡人居环境明显改善、美丽中国建设取得显著成效,以高品质生态环境支撑高质量发展,加快推进人与自然和谐共生的现代化。

2023年11月,财政部办公厅、自然资源部办公厅联合发布《关于组织申报2024年历史遗留废弃矿山生态修复示范工程项目的通知》(财办资环〔2023〕43号),为贯彻落实党的二十大关于碳达峰、碳中和的决策部署,落实《2030年前碳达峰行动方案》(国发〔2021〕23号),积极稳妥推进碳达峰、碳中和,提高生态系统质量和碳汇能力,积极开展历史遗留废弃矿山生态修复示范项目,突出对国家重大战略的生态支撑,着力提升生态系统多样性、稳定性、持续性。

随着时间的推移,我国对于矿山生态修复的重视程度不断增加,相关政策和法规也在不断完善与更新。在贯彻习近平生态文明思想"绿水青山就是金山银山"的背景下,政府、相关部门、矿山开发负责人、当地居民都应该加强对矿山生态环境保护的重视,实施绿色、经济、安全、环保、长效的矿山生态修复措施。截至2024年,我国已经发布了一系列关于矿山生态修复的政策文件,这些政策文件旨在指导和规范矿山生态修复工作。与此同时,各级部门与地方政府相继出台了一系列政策促进矿山治理工作的开展。

我国在矿山生态修复方面已经取得了一定的成绩,政策法规不断完善,技术手段不断创新,资金投入逐渐增加,监管力度逐渐加大。然而,矿山生态修复仍然存在一些问题,包括技术手段的推广应用不足、资金投入的保障不够、监管措施的待加强等。因此,还需要进一步加大力度,全面推进矿山生态修复工作,实现矿山开采与环境保护的协调发展。为了实现矿山修复对生态环境的改善作用最大化,需要采取科学合理的矿山修复措施,具体来说,应该从以下几个方面入手。

(1)加强管理和监督。为了保证矿山修复的效果和质量,需要加强管理和监督工作。上级部门应该制定相关法规和政策,加强对矿山修复的管理和监督。同时,企业应该积极履行社会责任,加强对矿山修复的过程管理和质量监督。只有各方共同努力,才能实现矿山修复对生态环境的改善作用。

(2)采用生态修复技术。在矿山修复过程中,应该采用生态修复技术,例如植被覆盖、土壤改良、水体净化等。通过采用这些技术手段,可以有效地改善生态环境质量。同时,这些技术手段具有可持续性和环保性,不会对周围环境造成二次污染。

(3)做好前期调查和规划。在进行矿山修复之前,需要对受损情况进行调查和分析,制定科学合理的规划和方案,包括确定修复目标、选择合适修复技术、制订实施计划等。只有做好前期准备工作,才能保证矿山修复的顺利进行。

(4)参与主体的多元化。越来越多的企业参与到矿山生态修复行业中。大部分企业开始意识到环境保护与可持续发展的重要性,主动投入矿山生态修复领域。一方面,企业通过修复矿山环境不仅能履行社会责任,树立良好企业形象,还能获得政府的政策支持和市场竞争优势。另一方面,由于矿山生态修复市场潜力巨大,企业可以通过提供技术和服务获得经济利益。虽然目前矿山生态修复企业数量仍比较有限,但随着政策的不断推动和市场的逐渐成熟,相信未来会有更多的企业加入这一行业中。与此同时,要增强人民群众的生态保护意识,鼓励人民群众参与到生态保护的环节中。

综上所述,中国的矿山生态修复行业正在积极发展。政府的政策支持为矿山生态修复提供了重要保障,技术进步为生态修复提供了强大支持,企业的参与和投入使得行业不断壮大。然而,我国仍然需要不断加大对矿山生态修复行业的资金、技术和人力投入,推动行业更快发展,以实现矿山可持续发展和生态环境保护的双赢。

第三节 矿山修复经典案例

一、国内矿山生态修复经典案例

1. 江西省赣州市寻乌县山水林田湖草废弃矿山综合治理

1)现状与问题

20世纪70年代末以来,寻乌县稀土生产开发为国家建设和创汇做出了重大贡献,但由于生产工艺落后和不重视生态环保,遗留下废弃稀土矿山$14km^2$,造成植被破坏、水土流失、河道淤积、耕地淹没、水体污染、土壤酸化等生态破坏,昔日的绿水青山变成了"南方沙漠"。

2)修复亮点

(1)全景式策划。按照"宜林则林、宜耕则耕、宜工则工、宜水则水"治理原则,统筹推进水域保护、矿山治理、土地整治、植被恢复四大类工程,实现治理区域内"山、水、林、田、湖、草、路、景、村"九位一体化推进。

(2)保障全要素。寻乌县对山水林田湖草项目实行要素保障"三优先",即项目用地优先保障、项目配套资金优先保障、人员力量优先保障,确保项目推进"加速度"。

(3)全域性治理。寻乌县积极探索实践南方废弃稀土矿山综合治理"三同治"模式。一是山上山下同治。在山上开展地形整治、边坡修复、沉沙排水、植被复绿等治理措施,在山下填筑沟壑、兴建生态挡墙、截排水沟,确保消除矿山崩岗、滑坡、泥石流等地质灾害隐患,控制水土流失。二是地上地下同治。地上通过客土、增施有机肥等措施改良土壤,矿山土地平面用于光伏发电,或因地制宜种植猕猴桃、油茶、竹柏、百香果、油菜花等经济作物,坡面采取穴播、条播、撒播、喷播等多种形式恢复植被;地下采用截水墙、水泥搅拌桩、高压旋喷桩等工艺截流和引流地下污染水体至地面生态水塘、人工湿地进行减污治理。三是流域上下同治。上游稳沙固土、恢复植被,控制水土流失,实现稀土尾沙、水质氨氮源头减量;下游通过清淤疏浚、砌筑河沟格宾网生态护岸、建设梯级人工湿地、完善水终端处理设施等水质综合治理系统,实现水质末端控制。上、下游治理目标系统一致,确保全流域稳定有效治理。

3)修复成效

(1)"废弃矿山"重现"绿水青山"。通过推进综合治理和生态修复,项目区满目疮痍的废弃矿山,又重现了绿水青山的本来面貌。一是水土流失得到有效控制;二是植被质量大幅提升;三是矿区河流水质逐步改善,河流淤积减少,水流畅通,水体氨氮含量削减了89.76%,河沟水质大为改善;四是土壤理化性状显著改良。

(2)"绿水青山"就是"金山银山"。寻乌县在推进山水林田湖草综合治理与生态修复的同时,积极践行"绿水青山就是金山银山"理念,走出一条"生态+"的治理发展道路,将生态包袱转化为生态价值,推动生态产品价值实现。

寻乌县废弃矿山生态修复治理前后的对比见图1.2。

图1.2 寻乌县废弃矿山生态修复治理前后对比图

2. 上海佘山世茂洲际酒店

1)现状与问题

上海佘山景区的天马山深坑,曾经是海拔近20m高的山体,随着城镇建设和经济发展的需要,开挖面积不断扩大,深度逐渐加深,最终形成了深88m的大坑,面积约36 800m²,属于废弃矿山采坑。主要生态问题是土地压占和损毁、地形地貌景观破坏。

2) 难点与亮点

设计团队基于对上海历史水文资料的研究,充分利用深坑的自然环境,通过安装一部抽水泵以确保每日湖中水位变化不超过500mm,极富想象力地建造了一座五星级酒店。整个酒店与深坑融为一体,相得益彰。这是矿坑利用的优秀案例,也是自然、人文、历史的完美融合。主楼使用玻璃和金属板材,曲线的立面形式源于"瀑布",所有酒店客房都设有走廊和阳台作为"空中花园",可以近距离观赏对面的百米飞瀑和横山景致。

3) 修复成效

天马山矿山生态修复项目秉承"融于自然"的设计理念,"深坑酒店"地上三层、地下17层、水下一层,并设有蹦极等娱乐项目。酒店海拔—65m,有望成为世界上人工坑内海拔最低的酒店,酒店客房沿崖壁而建,极具特色。上海矿山深坑变成五星级酒店,修复前后对比见图1.3。

图1.3 上海天马山深坑生态修复前后对比图

3. 广西北海市陆海统筹生态修复案例

1) 现状与问题

北海市地处广西壮族自治区南端,北部湾东北岸,地形平坦开阔,三面环海,是国家历史文化名城,也是北部湾经济区的重要组成城市。北海海域生物资源丰富,拥有红树林、海草床及珊瑚礁三大典型海洋生态系统,具有极高的生物多样性、生态系统服务和科学研究价值。为了作好珍稀植物的研究和保护,把海洋生物多样性湿地生态区域建设好,近年来北海市以"生态立市"为本,协调生态保护与城市发展,实施了基于自然的陆海统筹污染治理和生态保护修复工程,北海滨海国家湿地公园(冯家江流域)生态修复项目便是典型代表。

由于城市建设,冯家江68.5km²的流域范围内曾分布有2000亩(1亩≈666.7m²)虾塘、

24个养殖场和363个雨污直排口,大量污水和养殖废水直排,使其流域"城市绿肺"功能不断退化,生态形势一度极为严峻。一是含有机氨氮等超标污染物不间断排入,水质逐年恶化,长期处于劣Ⅴ类,造成银滩和邻近海域环境质量下降;二是红树林生态环境被破坏,面积逐年减少,生物多样性降低;三是滨海湿地生态系统结构受损、功能退化,城市内涝时有发生。

2)修复措施

在实施"控源截污-内源治理-再生水资源利用-坑塘湿地深度净化"一体化水污染治理以及海绵城市建设的基础上,根据滨海复合湿地生态系统特征分区分类、因地制宜地开展生态修复。同时,积极打造生态旅游新名片,推动生态产品价值实现。

(1)海绵城市建设。北海市在完善雨水管网等基础设施的基础上,充分发挥绿地、水系等生态系统对雨水的吸纳、蓄渗和缓释作用,有效控制雨水径流,实现自然积存、自然渗透、自然净化。一是在城市建设中逐步改造雨水管网及排涝泵站,增加雨水调蓄等功能,降低入海河口冯家江湿地的行洪压力,从根本上解决城市的内涝问题。二是通过"渗、蓄、滞、用、净、排"等工程措施与生物治理措施,如建设下沉式绿地、雨水调蓄净化塘等,综合提升城市的防洪排涝和供水保障能力,着力改善流域水生态环境,构建良性水循环系统。三是保留江河湖等自然水域环境,连通水系,避免硬化,保持城市自身蓄水功能,解决城市内涝。

(2)分区分类、系统修复。基于淡水-咸淡水-咸水的完整湿地序列,做好陆海统筹,对渠、库、江、滩、海等不同要素按空间格局与单元做到分区系统修复,分列如下。

a.上游鲤鱼地水库生态修复。通过改造水库周边现有坑塘,营造生态洲岛,丰富栖息地类型,延长水体岸线,提升水体自净能力。岸上种植小叶榕、三角梅、野芋、大叶油草等乡土植物,形成"水上森林—地上绿毯—水下秘境",全面改善水库生态环境。坑塘修复前后对比见图1.4。

图1.4 坑塘修复前后对比图

b.上游明渠生态修复。拆除冯家江上游两条明渠两岸的违章建筑,保留生态保护红线内长势良好的乔木,补种有过滤和截留污染功能的植被,将之改造成为植被过滤带系统,增强沿线的生态功能。

c.冯家江中上游淡水生态修复。拆除坑塘水泥护砌,采用生态材料进行防渗,恢复自然生态交换。设计生态护坡,扩大植被与水的接触面。护坡植被选用黄菖蒲、梭鱼草、睡莲、金鱼藻等有净化作用的水生植物,提升净化效率,增加生物多样性,把坑塘改造成为具有截留净化功能的生态湿地。

d. 冯家江中下游咸淡水生态修复。冯家江中下游段采用自我演替的修复方法,去掉硬质护砌,选用有利于水质改善的本地玉蕊、银叶树、黄槿等半红树植物,形成稳定的红树林生态环境,为鸟类提供筑巢、觅食、藏匿之所。入海口区域水体盐度大,土壤盐碱程度较高,且为台风登陆口,对植物本身的适生性要求较高。在接近入海口的局部区域,种植本地适生的棕榈科植物,其本身消耗的淡水资源少,并能形成抗台风、耐盐碱、抗菌的植物群落,同时与海边风光衔接。

e. 红树林保育与修复。在红树林区域进行封滩育林,实施造林及中幼林抚育工程;在宜林区广泛种植或补植本地红树物种(以白骨壤、秋茄为主);保护本地物种多样性,恢复湿地红树林的物种多样性和红树林生态系统稳定性。目前,已成功修复红树林 370 亩,人工种植红树林 270 亩,部分区域红树林人工种植保存率从不到 20% 增加到 50% 以上。同时,对拉关木、无瓣海桑等非本地红树物种进行监测,控制其分布和长势。

f. 沿海银滩修复。通过净化工程区海岸沙滩环境,以及退堤、退岸还滩和补砂养滩修复拓展滨海沙滩空间,提高工程区海岸减灾防灾能力;修复银滩中区岸线,连通银滩公园和海滩公园沙滩,提升北海银滩的自然海岸防护功能和景观沙滩整体质量。北海银滩中区岸线综合生态整治修复工程已修复沙滩面积 16.72hm²,修复岸线约 3.3hm²。

(3)推动生态产品价值实现。在资金筹措方面,北海市采用"设计-建设-融资-运营-移交(DBFOT)"模式,吸引社会资本投入冯家江流域水环境治理。政府及社会资本代表分别出资 0.76 亿元和 6.82 亿元成立公司,实现项目公司化运营。剩余资金缺口由社会资本代表采用银行贷款方式筹集。运营期间,市政府每年支付服务费 3.2 亿元,合作期满后项目资产无偿、完好移交给政府。广西北海滨海国家湿地公园采取无围墙的建设模式,结合邻近地块人群分布及功能需求对湿地公园进行空间设计。公园不但是本地市民日常休闲的首选目的地,还可带动城市周边区域的开发建设。此外,项目通过提升银滩景区质量,打造"广西北海滨海国家湿地公园"旅游新名片,发展第三产业,为当地居民带来更多的就业机会。银滩中区岸线修复如图 1.5 所示。

图 1.5 银滩中区岸线修复后

3)修复成效

(1)水质净化达标。清退周边养殖污染区,彻底消除沿线 363 个直排口污染源。目前,冯家江流域已铺设 27.7km 截污管线,构建 19 座污水设施,清除 54 万 m³ 的淤泥,清退周边养殖污染区近 2000 亩,每年消减主要污染物 1366t,减少污水排放 1650 万 t。长期处于劣 V 类水质的冯家江已达到或优于准 IV 类地表水的标准,北海市银滩公园海水浴场水质优良率从 2019 年度的 20%,大幅提升至 2020 年度的 64.28%。

(2)生物多样性提高。据不完全统计,2017—2021 年累计监测到沿岸鸟类 182 种,其中新增 46 种,且多次监测到世界极危鸟类勺嘴鹬及国家二级保护鸟类黑翅鸢、褐翅鸦鹃等。沿岸滩涂得以休养生息后,沙虫等底栖生物种类不断增多,由 2017 年之前的 66 种增加至 153 种。入海口处发现中华鲎、绿海龟等海洋珍稀动物。流域分布的 17 种红树植物生长状况明显好转。

(3)防灾减灾能力提升。海绵城市的建设提高了城市防洪排涝能力。银滩的修复增强了北海银滩生态护岸功能,提高了工程区沿岸抵御台风风暴潮等海洋灾害能力。红树林茂密的枝体可有效抵御风浪袭击,提高了红树林生态系统防风消浪、促淤保滩、固岸护堤、净化海水和空气的功能,保障了周边人民群众生命财产安全。

(4)生态产品价值转换。项目自启动以来,已带动周边区域价值的提升。经初步测算,仅土地增值便达到200亿元以上,其中2019年北海市第16期冯家江地块的出让,由12.8亿元起拍价竞拍至18亿元成交价。项目的实施将有效带动旅游产业发展,释放旅游潜力,据估算旅游人数可增加约50万人次以上,旅游收入、投资收入可增长约1000万元。

(5)居民生活质量提升。广西北海滨海国家湿地公园通过实施社区共建共管工程,一方面,改善了社区农村的生产条件,增加了附近社区群众的经济收入,提高了社区群众的生活水平和生活质量;另一方面,提高了社区群众的环境保护意识,使社区群众自发地进行环境保护,实现了人与自然和谐共生。城市颜值提升的同时,还有效带动了酒店、金融、科技等产业的综合发展,累计营业收入155亿元,税收贡献12.52亿元,书写了"绿水青山就是金山银山"的优异答卷。

4. 安徽省淮北市绿金湖采煤塌陷地生态修复

1)现状与问题

绿金湖在治理前为闸河煤田采煤塌陷区。该区域塌陷程度深浅不一,最深处达七米多,为常年积水区,浅则半米多,为季节性积水区。沉陷区内道路下沉、桥梁断裂、房屋倒塌、污水横流、土地荒废,生态环境破坏严重,给矿区群众生产生活和经济社会可持续发展带来严重影响,成为城市"黑伤疤"。采煤沉陷导致的土地、水等其他自然资源及其生态系统功能减损问题突出。一是矿山地质环境深层次严重破坏导致生态系统稳定性差;二是水体网络水资源及其水生态功能退化明显;三是土地资源等破坏严重;四是环境污染防治形势严峻。

总治理面积约3.61万亩,总挖方量约3000万m^3,总投资22.2498亿元。治理后形成可利用土地2.45万亩,可利用水域1.16万亩,总蓄水库容3680万m^3。淮北市正着力将绿金湖打造成为集生态修复、科学研究、旅游休闲、文化创意为一体的城市中央公园。

2)修复亮点

淮北市采用政府和社会资本合作模式(public-private-partnership,PPP),采取"投资-建设-养护-移交"一体化的政府购买服务方式。淮北市自然资源和规划局代表淮北市政府作为采购人,通过依法招标,选定了项目社会投资人,即安徽交通航务工程有限公司和安徽建工集团联合体。淮北市建投控股集团有限公司作为政府授权股东,与安徽交通航务工程有限公司和安徽建工集团有限公司共同出资成立项目公司,即淮北安建投资有限公司。淮北市自然资源和规划局与淮北安建投资有限公司签订《绿金湖矿山地质环境治理PPP项目PPP协议》。协议约定,项目公司负责按计划完成项目投融资、建设和养护,市政府负责项目设计、监理、土地征迁补偿和协调工作,按约定支付服务费用。项目治理形成的水域、湖泊以及可利用土地的开发权、使用权和收益归政府所有。

3）修复成效

一是恢复了被破坏的土地资源。项目完成后，昔日废弃的采煤塌陷地变成了经济社会发展的风水宝地。项目形成可利用土地约 2.45 万亩，其中沿湖周边可出让建设用地约 8000 亩，土地出让金预期直接收益可达 300 多亿元。

二是改善了被破坏的生态环境。形成连片水域面积 1.16 万亩，蓄水库容达 3680 万 m^3，植树种草面积达到 1 万亩，对淮北区域小气候的改善起到较大作用。

三是促进地方经济发展。由于绿金湖处于西部老城与东部新城的核心衔接带，因此对城市发展建设具有重要的促进作用。淮北市绿金湖生态修复前后对比如图 1.6 所示。

图 1.6　绿金湖生态修复前后对比图

二、国外矿山生态修复经典案例

1. 美国纽约清泉公园

1）问题与现状

纽约市斯塔腾岛的清泉垃圾填埋场（Fresh Kills Landfill）是纽约最大的垃圾填埋场，垃圾场总面积约 $891hm^2$，是纽约中央公园的 3 倍，其中约 45% 由垃圾山组成，另 55% 由溪流、湿地和坑地构成，在成为垃圾填埋场之前，这里曾是一大片被清澈泉水和溪流所滋润的潮汐湿地，"清泉（Fresh Kills）"之名正由此而来。从 20 世纪 80 年代中期开始，纽约市平均每天运往这里的垃圾多达 14 000t，1986—1987 年，每天的垃圾接收量更达到 29 000t。到 20 世纪末，这片垃圾山庞大得能够从太空中被拍摄到，公众开始对垃圾山提出批评意见。与此同时，在斯塔腾岛城市化快速发展进程中，垃圾填埋场与周边区域的矛盾关系也逐渐受到广泛关注，长期垃圾污染导致其自然系统严重退化，关闭垃圾填埋场被提上日程。

2)修复亮点

(1)清泉公园总体规划的主题定位是"生命景观——纽约城市的新公共用地"。"生命景观"定义为"生命景观＝活动项目＋栖息地＋循环",寓意清泉公园不是静止的,而是一个有生命、有活力的城市生命体。这个城市生命体,总面积达 891hm^2,公园的设计理念是以一种开放、积极的姿态面对城市,为市民活动提供最大程度上的便利。与此同时,为防止渗滤液污染地下水及填埋气体逸出,建造时为每座垃圾山都裹上了一层高分子聚合物的保护膜,在膜上覆盖泥土层,从而在垃圾与地面、大气之间形成一个隔离层。

(2)停车系统充分与城市道路结合,且合理分布在每一个区域内,为市民的交通安置提供了便利;停车场的布置也充分结合生态环境,良好的停车体验有利于市民对公园的高频率来访。

(3)通过"条田种植法"改善土壤状况、增加土壤厚度,创建有利于植物生长的环境。通过恢复湿地、森林,引入新栖息地,添置休闲娱乐项目,为野生植物及文化社会生活提供了优质场所。纽约清泉公园生态修复前后对比见图 1.7。

图 1.7 纽约清泉公园生态修复前后对比图

3)修复成效

(1)以建设公园来恢复、重建废弃的城市空间。当前,随着城市化发展和经济结构的转型,世界各国的城市中都出现了一些工业时代遗留的废弃地,如何采取措施处理这些场地,一直是一个备受关注的话题。政府决定将清泉垃圾场关闭并建成供纽约乃至全美国人享用的新型城市公园,并通过设计竞赛的形式挑选出优秀方案来指导未来的公园建设。获奖方案"生命景观"针对场地现状,提出了"连续性种植植物以整顿、救治场地中受污染的土壤"和"通过持续的植物种植和道路延伸连接公园与城市其他空间"等措施来改善场地及周边环境。建设公园成为一种对这类场地进行恢复和重建的有效方式。

(2)清泉公园方案中,充分利用了其原有地块的水文资源,突出了湿地、溪流等水体景观的优点,一改往日城市公共空间中静态水的做法,利用大自然本身的自我调节系统,增加了一些滨水植物景观和候鸟栖息地,"死水"转变为"活泉",改善了整个城市的水体系统、空气环境以及城市面貌。

(3)清泉公园设计团队通过发现城市功能上的不足,营建新的各种不同的场地来满足不同市民的需求,激活了地区,增加了市民活动的同时也促进了市民与市民、市民与城市的交流。在设置公共活动场地时也尽量尊重市民、尊重自然,以追求活动的自发性,只有自发性活动才能保持公共空间生机长远地发展下去。

2. 英国"伊甸园"

1)现状与问题

英国"伊甸园"位于康沃尔郡圣奥斯特尔,在英格兰东南部伸入海中的一个半岛尖角上,总面积达 $15hm^2$。因长期采矿而过度开发,矿场在废弃之后留下一个无用的大坑洞,土层泥泞而不稳固。然而,一个泥泞不堪的、被视为无用的凹陷荒地,却被一群坚持不懈的人赋予了生命。早在 1994 年,英国人提姆·施密特首次有了这样一个想法:在一个已经受到工业污染和破坏的地区重建一个自然生态区。他希望通过环境再生,建造一个与世隔绝的人间"伊甸园"。该工程投资 1.3 亿英镑,历时两年,于 2000 年完成,2001 年 3 月对外开放。开业第一年吸引游客超 200 万人,开业至今游客量过千万。

2)修复亮点

"伊甸园"是围绕植物文化、融合高科技手段建设而成。园区以"人与植物共生共融"为主题,以"植物是人类必不可少的朋友"为建造理念所打造。

"伊甸园"由 8 个充满未来主义色彩的巨大蜂巢式穹顶建筑构成,其中每 4 座穹顶状建筑连成一组,分别构成"潮湿热带馆"和"温暖气候馆";两馆中间形成露天花园"凉爽气候馆"。"伊甸园"的穹顶由轻型材料气烯-四氯乙烯共聚物(ETFE)制成,"潮湿热带馆"的馆身甚至比馆内空气的总质量还轻。穹顶状建筑内仿造地球上各种不同的生态环境,展示不同的生物群,容纳了来自全球成千上万的奇花异草。主要目的是展示植物与人的关系、人类如何依靠植物进行可持续发展。通过将园林景观和生态景观中的两类植被进行自然衔接,融入自然建筑,园区尽显矿区原风貌、格局。"伊甸园"修复后如图 1.8 所示。

图 1.8 修复后的英国"伊甸园"矿山

3)修复评价

"伊甸园"是一座围绕植物文化而打造,融合高科技手段建设而成,以"人与植物共生共融"为主题,具有极高科研、产业和旅游价值的植物景观性主题公园。不少建筑都采用了环保材料和清洁可再生能源,可以说"伊甸园"本身是一个节能环保的典范,实现了在一个已经受到工业污染和破坏的地区重建一个自然生态区的目标。

3. 加拿大多伦多约克维尔公园

1)现状与问题

该基地建设计划可追溯到20世纪50年代,因地铁线路建设,多伦多政府计划将街区上的行列式房屋拆除并改造为停车场。相关调查显示,当时基地的污染物主要包括重金属、石油、焦油及润滑剂等,大量有毒的工业污染物已经渗透到土壤和地下水中,基地的生态环境受到严重破坏。

2)修复措施

自1994年停车场停止使用起,多伦多市政府便组织对基地的污染情况进行现场勘查,制定详细的生态修复规划。在项目前期,项目组根据多伦多棕地地块目录清单,通过设计问卷调查,结合公众意愿,制定了修复策略。随后,通过特定场地风险评估法(SSRA)建立治理标准,测评并进行治理最低成本估算,选择使用混凝土、土壤或其他材料将污染物就地掩埋。覆土后,引入加拿大松树林、桤木等本国物种,形成独特的生态环境。约克维尔公园的设计目标是建设邻里规模的高密度城区下的高品质休闲娱乐绿色公共空间。设计通过减少周边城市的干扰,充分利用当地植被、水体和岩石,建造不同于城市景观的花园景观,以承担多样化的社会功能,激发场地活力。通过覆土掩埋与植被修复相结合的公园式再利用的修复措施,公园被划分为5个线性花园,花园沿着周边19世纪建筑物的地界线而建。每个线性公园设置为一种不同类型的加拿大景观主题,如加拿大松树林中的开放区和密集的种植空间有节奏地交替变换,约4m高的雨帘喷泉及钢架元素穿插于公园之中,营造了多样又富有个性的公园环境;裸露岩层和可移动的桌椅形成对比,在为行人提供休憩场所的同时增加了园区的灵活性。虽然各个花园营造了不同的空间氛围,但是整体采用维多利亚时代的风格和半独立式开放空间的韵律,保证了公园的多样性和统一性。

3)修复成效

约克维尔公园的建设提高了社区的环境美感,刺激了周边经济的复苏,增强了社区感和空间感。公园建设的所有工程由政府公共部门组织实施。在项目实施后,政府公共部门根据环境修复和验收技术标准,通过土壤抽样检测等方法进行后续环境安全监测管理;通过社区居民参与决策,加强政府公共部门与私营投资者的合作,在处理公园污染管理带来的成本及风险问题方面发挥了至关重要的作用。约克维尔公园生态修复平面图及修复效果如图1.9、图1.10所示。

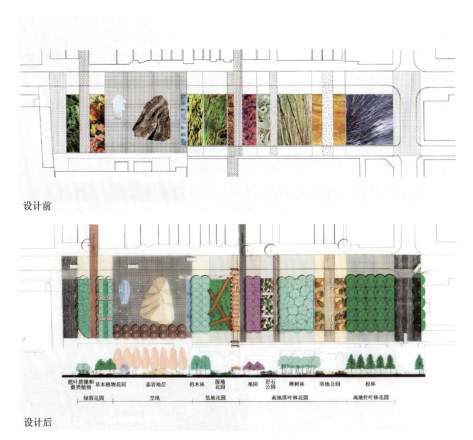

图1.9 约克维尔公园平面设计图

图1.10 修复后的约克维尔公园

4. 美国俄亥俄州马斯金格姆县的矿山修复

1)现状与问题

美国俄亥俄州马斯金格姆县拥有世界上生物多样性最丰富的温带森林,还包含了草原、湿地、河岸带,拥有近40种具有商业价值的树种,以及草、草本和灌木等种类繁多的林下植物。自1930年以来,这个丰富的生态系统中约有250万 hm^2 土地受到露天煤矿开采的干扰,并且在露天开采控制和联邦开垦法案(SMCRA)建立的监管结构下持续受到干扰。从1940年到 1980 年,该地区进行了露天煤矿开采,留下了近乎连续 3 704.5hm² 土地干扰痕迹。此外,由开采带来的物种入侵,对原来生态的植物多样性产生了威胁。州政府采用的方法为使用外来灌木和树木来恢复矿区的功能,但是经过后续调查发现使用外来灌木和树木会抑制本地物种的建立,特别是作为春季传粉媒介群落主要资源的林下草本物种。入侵物种可以改变生态群落的结构和稳定性并影响互惠互利,最终建立的植被通常由于土壤营养含量低和土壤压实而表现不佳。无论是种植还是自然重新定植,开垦矿地上大多数森林的树木物种多样性往往较低,而且林下通常受到入侵物种的困扰,很少有本地草本植物。

2)修复亮点

建立健康森林,复垦矿区森林草本。恢复退化森林的措施包括入侵植物控制,通常使用手动、机械或化学手段移除目标物种,复垦期间,景观部分重新种植了树木,另一部分允许被动再生。从 2017 年开始,森林管理部分的恢复工作包括在大约 2.4hm² 的森林(2017 年秋季)中清除机械和化学入侵物种。在移除入侵物种后,林下树木可以遵循主动在场地上种植或被动地依靠自身物种发展两种恢复路径。对于本地的花卉进行积极的花粉授育,培育大量本地的蜜蜂进行花粉传递,因此产生了大量的蜂蜜,带来了一定的经济收入。马斯金格姆县矿山生态修复前后对比如图 1.11 所示。

图 1.11　马斯金格姆县矿山生态修复前后对比图

3)修复成效

恢复后的矿山森林,入侵物种移除导致更高的物种丰富度、多样性,具有地块恢复良好生态健康的特征,在两年内有明显的变化。该方法成本低廉,可以恢复原生态的森林,符合可持续发展的要求以及碳吸收的要求,另外还能产生一定的经济效益,对自然景观的保护有关键的作用。同时,有利于改变当地的土壤环境,为后续植物的生长起到了保护作用,保护了当地生物多样性。

第二章　南宁市废弃矿山生态修复背景

第一节　区域概况

一、自然地理与生态状况

1. 地理区位

南宁,广西壮族自治区首府,位于广西西南部,介于东经107°45′—108°51′,北纬22°13′—23°32′之间。南宁是全区政治、经济、文化、科技、教育、金融、信息的中心,具有深厚的文化积淀,古称邕州,是一个以壮族为主的多民族和睦相处的现代化城市,居住着壮、苗、瑶等36个少数民族,总人口为620.12万,其中市区人口为140.39万,别称"绿城""凤凰城""五象城"。

南宁毗邻粤港澳,背靠大西南,面向东南亚,是连接东南沿海与西南内陆的重要枢纽,也是西部重要的省会城市。同时是国家级经济区——北部湾经济区建设的核心城市,拥有沿海城市待遇和税收等多项优惠待遇。2004年起,中国—东盟博览会永久落户南宁,每年举办一次,使南宁成为中国对外开放的前沿城市之一。

"广西南方丘陵山地带(南宁)历史遗留废弃矿山生态修复示范工程"项目以南宁市废弃矿山生态修复工程为例,项目实施区域涉及隆安县、马山县、上林县、宾阳县、横州市5个县(市),以及青秀区、兴宁区、江南区、南宁高新技术开发区(经开区)、良庆区、西乡塘区、武鸣区和广西东盟经济技术开发区(东盟区)8区,77个乡镇(街道),213个行政村,所有乡镇、行政村与外界均有公路相通,区位优势明显,交通畅达。南宁市历史遗留废弃矿山生态修复工程矿山分布如图2.1所示。

2. 地形地貌

南宁地势总体为西北高,东南低,以昆仑关为中心,大明山脉自北西向南东伸入南宁,经昆仑关往东延至甘棠圩与镇龙山脉相接,形成一个弧形山脉。北部有大明山山脉,构成郁江水系和红水河水系的分水岭;马山、上林、宾阳北部属于大明山北麓低山、丘陵区,属红水河流域;西南部的西大明山构成左江水系与右江水系分水岭;南部土坡高丘陵构成八尺江与钦江的分水岭;南宁市区、宾阳县南部、横州市属于郁江流域。

市域范围内地貌多样,主要有平原、山地、丘陵3种地貌类型,以平原和丘陵为主。平原为河谷冲积平原,多分布于左江、右江下游汇合处邕江两岸的市区、横州市;山地为中低山,主要分布于大明山、西大明山等处;丘陵则主要分布在大明山、西大明山与河谷冲积平原的过渡

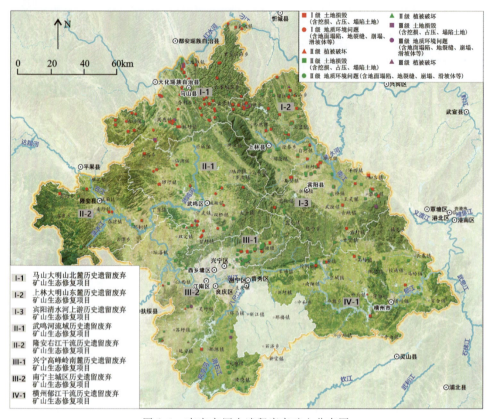

图 2.1　南宁市历史遗留废弃矿山分布图

区域。全市平均海拔 76.5m,市内最高峰为大明山主峰龙头山,海拔 1760m。南宁市地形地势如图 2.2 所示。

3. 地质环境条件

1)地层岩性

南宁市历史遗留废弃矿山生态修复工程实施区地层从下古生界至新生界,除奥陶系、志留系缺失外,寒武系至第四系均有出露。其中寒武系、下泥盆统、中三叠统、下白垩统、古近系、新近系为碎屑岩,分布于南宁市的中部、东南部、西部、南部的低山和丘陵地带;中上泥盆统、石炭系、二叠系、下三叠统为碳酸盐岩,分布于南宁市的中部、北部、西部及南部广大地区,局部地段分布硅质岩。第四系在南宁市的分布较广,主要分布于邕江、右江、左江及其他河流的两岸和喀斯特谷地、平原区,坛洛、双定、金陵、富庶、南宁华侨投资区一带喀斯特地区的第四系均为溶蚀残余堆积黏土、粉质黏土含少量砂砾,覆盖于碳酸盐岩之上,为透水层。

2)工程地质

南宁市的岩体类型按两级划分,第一级为岩类,按成因划分为海相碎屑岩类、陆相碎屑岩类和碳酸盐岩类;第二级为工程地质岩组,岩组的划分主要考虑岩性组合、岩石强度、岩体结构,碳酸盐岩还考虑岩溶化程度。岩体共划分出三大岩类 9 个工程地质岩组,各岩体类型的工程地质特征及分布情况详见表 2.1。

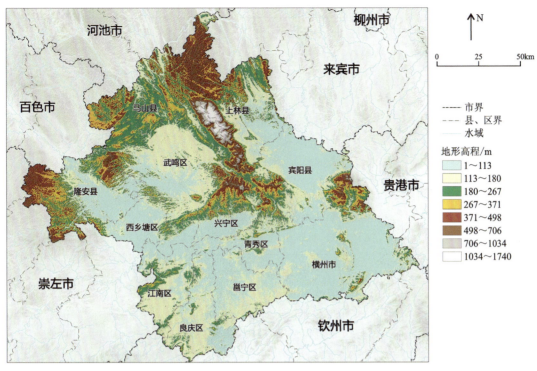

图 2.2 南宁市地形地势图

表 2.1 岩体类型划分及其工程地质特征表

岩类名称	岩组名称	岩石地层代号	工程地质特征	分布
海相碎屑岩类	坚硬的薄层状硅质岩岩组	$D_3 l$、$D_{1-2} x$、$D_2 w$、$C_1 g$	硅质岩结构为薄层状,层厚0.05～0.2m,近地表岩石风化严重,呈碎块状,裂隙发育,多为泥质充填,少量石英脉充填。岩石干抗压强度R_c为88.26～196.13MPa,软化系数K_d为0.6～0.8	分布于西南部那心岭—五象岭一带
	坚硬的厚层—中厚层状砂岩岩组	$D_1 l^1$、$D_1 y$、$D_1 y^1$	砂岩中等风化,以中厚层—厚层状为主,局部地段夹有泥岩、泥灰岩。风化砂岩干抗压强度R_c为28.34～41.58MPa,软化系数K_d为0.56～0.74	分布于西南部那心岭—五象岭一带
	软弱的厚层—中厚层状泥岩岩组	$D_1 l^2$、$D_1 n$	泥岩以厚层—中厚层状为主,局部薄层状,夹少量砂岩、泥灰岩。风化砂岩干抗压强度R_c为27.66MPa,软化系数K_d为0.74	
	中等坚硬的中厚层—薄层状砂岩岩组	$K_1 x$	岩石风化较强烈,为中等风化。风化形成的残坡积物为粉质黏土,厚度小于2m,岩石结构以中厚层—薄层状为主,局部厚层状,锤击易碎	

续表 2.1

岩类名称	岩组名称	岩石地层代号	工程地质特征	分布
陆相碎屑岩类	中等坚硬的巨厚层—厚层状砾岩岩组	$E_{1-2}w^1$	砾岩以巨厚层—厚层状为主,岩石较坚硬,但风化后较松散,由中—巨砾组成,分选性差,大小砾石混杂,泥质、砂和钙质胶结,磨圆度好,少有软弱夹层,裂隙不发育,干抗压强度 R_c 为 63.74MPa,软化系数 K_d 为 0.62	分布于南部十八岭—蒌关岭一带
	中等坚硬的巨厚层—厚层状砂岩岩组	$E_{2-3}f$、$E_{2-3}g$、$E_{1-2}w^2$	砂岩强风化,风化厚度大,裂隙不发育,以巨厚层—厚层状为主,局部中厚层状,由粗砂岩、细砂岩、粉砂岩、泥质砂岩、含砾砂岩组成	分布于西北部、东部、中部及东南角
	软弱的厚层—中厚层状泥岩夹粉砂岩岩组	$E_{2-3}n$	泥岩、砂岩为半成岩岩石,固结强度低,风化强烈,残坡积物为黏土、粉质黏土,厚度大于2m,风化深度大于10m,砂岩以粉砂岩为主,局部夹泥灰岩,间夹有强度极低的薄层褐煤及煤线。粉砂岩干抗压强度 R_c 为 4.32~11.77MPa,软化系数 K_d 为 0.19~0.29	分布于南湖一带
碳酸盐岩类	坚硬的中等喀斯特化灰岩岩组	C_2m、C_1h^2	岩石结构以厚层—中厚层状为主,局部巨厚层状结构,石灰岩质纯,致密坚硬,岩石为细晶结构,喀斯特发育,常沿层面产生溶蚀,上段部灰岩发育有多层溶洞,最大洞高 7.76m,最小洞高 0.10m,多被黏土充填或半充填,个别溶洞充填物为泥土夹碎石,部分溶洞为空洞,溶蚀裂隙发育,钻孔线溶洞率为 5.6%~10.8%,最大为 17.7%,平均为 9.97%,马平组灰岩发育有地下洞,地表发育地下河天窗,溶沟,石牙等	分布于东南部蒲庙一带
	坚硬的弱喀斯特化灰岩岩组	C_1h^1、C_2h、D_3w、D_1y^2	以厚层—中厚层结构为主,局部巨厚层状结构,夹少量泥灰岩、硅质岩。白云岩、岩石致密坚硬,溶蚀裂隙发育,多为钙华,黏土充填,局部为方解石脉充填。钻孔线溶洞率一般小于5%,部分钻孔未见溶洞发育,溶洞高度一般小于1m,多为黏土充填,地表发育溶沟、石牙等,灰岩干抗压强度 R_c 为 91.30~189.15MPa,软化系数 K_d 为 0.84~0.88	分布于那心岭—五象岭一带

3）水文地质

根据地下水的赋存条件、含水介质结构及水力特征，南宁市可划分出4种地下水类型，即松散岩类孔隙水、碳酸盐岩类裂隙溶洞水、碎屑岩类孔隙裂隙水和基岩裂隙水。

(1) 松散岩类孔隙水。含水岩组为第四系松散土体，主要为河流阶地沉积物、坡残积物和溶蚀残余堆积物。岩性主要为黏土、粉质黏土、砂土层，底部为砾石层或黏土砾石层，分布于辖区河流两岸、喀斯特平原、谷地、丘陵。地下水附存于含碎石黏土、砂土、砾石层的孔隙中，含水层厚1～20m，单井涌水量1～5000m^3/d，水量贫乏—丰富，水位埋深一般小于15m。其中水量丰富地区主要分布于南宁盆地邕江低级阶地。地下水主要接受降雨入渗补给，此外，邕江、右江两岸的地下水与地表水交替强烈，洪水时接受地表水补给，地下水位变幅呈气象—水文型动态特征。地下水主要向附近河流或低洼处排泄。

(2) 碳酸盐岩类裂隙溶洞水。此类型主要分布于南宁市东部和西部地区，包括泥盆系、石炭系、二叠系、三叠系。地下水赋存和运移于碳酸盐岩的溶蚀裂隙、溶孔、溶洞等空隙之中，主要岩性为灰岩、白云质灰岩、白云岩、生物屑灰岩、泥质灰岩、红层钙质砾岩等，水量贫乏—丰富，单井涌水量小于6000m^3/d，水位埋深为1～30m。岩溶水主要接受大气降雨入渗补给，局部地区还接受灌溉水入渗补给，近河地带在洪水时接受河水补给，个别地段岩溶水接受基岩裂隙水侧向径流补给。岩溶地下水的径流方式有沿裂隙、溶孔呈分散式隙流，也有沿溶洞作管道状集中径流。在纯碳酸盐岩分布区，地下水以管道状集中径流为主；在碳酸盐岩夹碎屑岩及红层钙质砾岩分布区，地下水以网状分散式隙流为主。岩溶地下水的排泄方式多以泉、地下河出口出露地表或排入江河。

(3) 碎屑岩类孔隙裂隙水。含水岩组为半成岩泥岩、砂岩、粉砂岩、石英砂岩，含水层数多而薄，单层厚0.1～5m。地下水赋存于构造裂隙中及风化半风化粉砂岩、泥岩、砂岩的孔隙中。大气降雨是其主要补给来源，地下水一般顺着砂岩、粉砂岩层径流，在沟谷、断层切割或岩性变化较大部位形成泉水排泄，泉水枯季流量一般小于0.1L/s，水量贫乏。

(4) 基岩裂隙水。此类型分布于南宁市北部、西部、南部的低山和丘陵区，地下水主要赋存于岩石构造裂隙中。由于浅层岩石风化较强烈，风化裂隙发育，植被较发育，大气降雨沿风化裂隙、构造裂隙垂直入渗补给地下水，受岩性及地形坡度大的影响，其入渗系数较小，泉水枯季流量为0.1～10L/s，水量贫乏—中等。地下水一般沿脉状、网状裂隙呈分散式隙流，径流方向一般与地形坡向一致，以常流泉、季节泉形式出露于溪沟沟底、沟旁。

4. 气候气象

南宁市位于北纬22°～23°之间，属于低纬度地区，属南亚热带季风气候，全年受海洋湿暖气流和北方冷气团的交替影响，是国内气温较高、降水较多的地区之一。年平均气温20.8～22.4℃，最冷月平均气温12.9℃，极端最低温度－2.1℃（1955年1月12日），极端最高温度40.4℃（1958年5月9日），多年平均相对湿度约为79%。1922年至2021年多年来气象资料统计表明，最大降雨量2800mm，最小年降雨量827.9mm，平均降雨量1 304.2mm，平均年蒸发量为944.5mm。年均风速2.4m/s,历年最大风速34m/s,以西南风为主,次为东南风。年均无霜期351d。降雨在时空上分布不均,每年4—10月降雨量占全年84.4%,11月至翌年3月为枯水期,降雨占全年的15.6%。

5. 水文水系

南宁市内的主要河流均属珠江流域西江水系,其中,集水面积在50km²以上的河流共154条,集水面积在1000km²以上的河流共8条。南宁市较大的河流有郁江、右江、左江、清水河、武鸣河、乔建河、八尺江等。

郁江是南宁市内最大河流,也是西江水系最大的一条支流。郁江在江南区宋村左右江汇合口至青秀区伶俐镇与横县道庄村交界断面之间的郁江河段称邕江,干流流域面积89 667 km²,全长1182km,多年平均径流量476.7×10⁸m³,多年平均流量1320m³/s,多年平均含沙量0.24kg/m³,平均侵蚀模数95.6t/(km²·a)。

右江发源于云南省广南县云龙山,河长707km,流域面积38 612km²,多年平均径流量172×10⁸m³,多年平均含沙量0.36kg/m³,多年平均侵蚀模数252t/(km²·a)。

左江发源于越南谅山省与广西宁明县交界的枯隆山西侧,流经越南后从平而关入境,全长591km,流域面积32 068km²。多年平均径流量176×10⁸m³,多年平均含沙量0.17kg/m³,多年平均侵蚀模数104t/(km²·a)。

清水河是红水河右岸1级支流,发源于上林县西燕乡大明山,河流全长187km,平均坡降0.93‰,流域面积4 215.1km²,多年平均径流量39.5×10⁸m³。

武鸣河发源于马山县城厢镇新汉村,干流全长211.9km,流域面积3991km²。多年平均径流量24.94×10⁸m³,多年平均含沙量0.13kg/m³。

乔建河,又称渌水江,右江右岸一级支流,河流长度为83.6km,流域面积为2 080.3km²,多年平均径流量8.9×10⁸m³,流经隆安县屏山乡、乔建镇。

八尺江发源于上思县那琴乡那琴圩那咘屯,干流全长141km,流域面积2291km²,多年平均径流量27.6×10⁸m³,该河流内建有凤亭河、屯六、大王滩三座大型水库。

6. 土壤类型

南宁市的土壤成土母岩主要有沙页岩、硅质岩、石灰岩、泥质岩、花岗岩和第四纪红土以及近代河流冲积物等。自然土壤为赤红壤,局部区域有紫色土、石灰土分布。还有在以上土壤沉积和冲积发育的水稻土、旱地土壤。赤红壤分布在台地(含阶地)、丘陵和低山;水稻土主要分布在河流两岸的冲积平原、台地、阶地和谷地中;红壤、黄红壤分布于海拔800m以下的低山或中山中下部及部分丘陵地带;在海拔800m以上分布有黄壤、黄棕壤及山顶矮林草甸土等。

根据土壤普查统计资料,南宁市区的土壤类型主要有赤红壤、紫色土、石灰土、水稻土、红壤、黄壤、冲积土、沼泽土等。主要土壤类型分布情况见表2.2。

表 2.2 南宁市主要土壤类型分布表

区域	土壤类型
南宁市区	赤红壤、水稻土、菜园土、冲积土、紫色土、石灰土、沼泽土等土类
横州市	黄壤、红壤、潮土、紫土、沙土、石灰土等土类
宾阳县	红壤、砖红壤、紫色土、冲积土、石灰土、水稻土
上林县	水稻土、红壤、砖红壤、石灰土、黄壤、紫色土和冲积土
隆安县	赤红壤、石灰土、紫色土、水稻土
马山县	红壤、石灰土

7. 植被类型

南宁市主要位于亚热带常绿阔叶林区。具体来说,南宁市的植被类型属于热带、亚热带季风雨林类型,林间杂草、藤蔓生长茂盛。常见的人工植被包括杉木、马尾松、桉类等,而天然乔木树种则包括苦楝、酸枣、小叶榕、樟树等。此外,南宁市还有亚热带针叶林、亚热带落叶阔叶林、亚热带常绿落叶阔叶混交林等多种类型的植被。根据林业部门统计,2022年南宁市林地面积123.79万hm^2,南宁市森林覆盖率为48.88%。

8. 生物多样性状况

1) 动物物种多样性

南宁市野生动物种类丰富,有野生脊椎动物5纲41目135科408属727种。其中两栖类30种,主要有大鲵、棘胸蛙、虎纹蛙、泽蛙、大绿蛙、斑腿树蛙等;爬行类80种,主要有蟒蛇、山瑞鳖、大壁虎、大头平胸龟、乌龟、百花锦蛇、金环蛇、银环蛇、眼镜王蛇、五步蛇、滑鼠蛇等;鸟类452种,主要有原鸡、林三趾鹑、凤头鹃隼、雀雕、猛隼、小鸦鹃、草鸮、长尾阔嘴鸟等;哺乳类77种,主要有黑叶猴、猕猴、小灵猫、大灵猫、林麝、苏门羚、黑熊、穿山甲等。国家公布保护的一、二级野生动物主要分布在广西大明山国家级自然保护区(南宁市辖区)、广西上林龙山自治区级自然保护区、广西龙虎山自治区级自然保护区、广西三十六弄-陇均自治区级自然保护区、广西弄拉自治区级自然保护区、广西西大明山自治区级自然保护区、西津水库库区。

2) 植被物种多样性

南宁市的植物资源种类繁多,分布有野生维管束植物248科1254属3988种,是中国南方重要的森林树种资源基因库。南宁市分布最广的是马尾松、杉木、桉树、竹类等材用植物。果树兼用树种有橄榄、乌榄、三角榄、扁桃、人面子、荔枝、龙眼、杨桃、木菠萝、芒果、板栗等,其中柑橙、香蕉、龙眼、荔枝驰名自治区内外。药用植物资源丰富,分别有解表类药用植物、清热解毒类植物等18类,名贵药材300多种,主要有砂仁、何首乌、桂党参等。此外,还有油料植物、芳香油植物、淀粉植物、饮料植物、绿化观赏植物等。

天然森林植被中蕴藏着较多的珍稀特有植物,其中有石山苏铁、望天树、水松、小叶红豆等国家一级重点保护野生植物,伯乐树(钟萼木)、亨利原始观音座莲、苏铁蕨、桫椤、金毛狗、七指蕨等国家二级重点保护野生植物,主要分布在广西大明山国家级自然保护区(南宁市辖区)、广西上林龙山自治区级自然保护区、广西龙虎山自治区级自然保护区、广西三十六弄-陇均自治区级自然保护区、广西弄拉自治区级自然保护区、广西西大明山自治区级自然保护区。2007年,龙虎山自然保护区首次发现中国特有植物,被《中国物种红皮名录》收录的极危树种——龙州柯。

二、社会经济状况

1. 功能定位

1) 主体功能定位

根据《全国主体功能区规划》,南宁市位于全国"两横三纵"城市化战略格局中沿海通道纵轴的南端,是我国面向东盟国家对外开放的重要门户,是中国-东盟自由贸易区的前沿地带和桥头堡;是区域性的物流基地、商贸基地、加工制造基地和信息交流中心;是保障国家生态安全的重要区域,人与自然和谐相处的示范区;是我国保护自然文化资源的重要区域,珍稀动植物基因资源保护地。

根据《广西壮族自治区主体功能区规划》,南宁市城区、横州市属于国家级重点开发区,是带动支撑西部大开发的战略高地、我国沿海发展新增长极重要国际区域经济合作区。上林县、马山县属于国家级限制开发区域(重点生态功能区),是提供生态产品、保护环境的重要区域,保障国家和地方生态安全的重要屏障,人与自然和谐相处的示范区。武鸣区、宾阳县、隆安县属于省级限制开发区域,是全区重要的商品粮生产基地,保障农产品供给安全的重要区域,现代农业发展和社会主义新农村建设的示范区。南宁市限制开发区域详见表2.3。

表2.3 南宁市限制开发区域表

序号	类型	名称	位置 (行政区范围)	级别
1	自然保护区	广西大明山国家级自然保护区	南宁市武鸣区、马山县、上林县、宾阳县	国家级
2		龙虎山自然保护区	南宁市隆安县	自治区级
3		西大明山自然保护区	南宁市隆安县	自治区级
4		上林龙山自然保护区	南宁市上林县	自治区级
5		三十六弄-陇均自然保护区	南宁市武鸣县	自治区级
6		弄拉自然保护区	南宁市马山县	自治区级
7		六景泥盆系地质遗址保护区	南宁市横州市	自治区级
8		那兰鹭鸟市级自然保护区	南宁市良庆区	市(县)级

续表 2.3

序号	类型	名称	位置（行政区范围）	级别
9	森林公园	广西良凤江国家森林公园	南宁市江南区	国家级
10		广西九龙瀑布群国家森林公园	南宁市横州市	国家级
11		老虎岭自治区级森林公园	南宁市西乡塘区	自治区级
12		五象岭自治区级森林公园	南宁市良庆区	自治区级
13		金鸡山自治区级森林公园	南宁市江南区	自治区级
14		石门森林公园	南宁市青秀区	市（县）级
15	风景名胜区	龙虎山风景名胜区	南宁市隆安县	自治区级
16		青秀山风景名胜区	南宁市青秀区	自治区级

2）生态功能定位

南宁市位于《全国重要生态系统保护和修复重大工程总体规划（2021—2035 年）》（以下简称"双重"规划）"三区四带"中的南方丘陵山地带，是我国南方重要的生态安全屏障和野生动植物种质基因库，在维护国家生态安全、推动南方高质量发展上具有不可替代的地位。《南方丘陵山地带生态保护和修复重大工程建设规划（2021—2035 年）》，以筑牢南方生态安全屏障为目标，在全面分析南方丘陵山地带自然生态系统状况及主要生态问题的基础上，以石漠化严重区域综合治理和废弃矿山生态修复为重点，布局湘桂喀斯特地区石漠化综合治理工程等四大工程，南宁市正处于湘桂喀斯特地区石漠化综合治理工程范畴内。该工程按照主要生态问题及项目管理，实施 7 个重点项目，其中，红水河水土流失及石漠化综合治理项目涉及南宁市马山县、上林县、宾阳县，左江、右江水土流失及石漠化综合治理项目涉及南宁市武鸣区、隆安县。

根据《全国生态功能区划（修编版）》，南宁市位于西江上游水源涵养与土壤保持功能区、西南喀斯特土壤保持功能区，喀斯特地貌类型发育，生态敏感脆弱，水土流失严重，土壤一旦流失，生态恢复重建难度极大。根据《广西壮族自治区生态功能区划》，南宁市主城区、武鸣区、上林县、宾阳县、横州市交界处的大明山区属于大明山—高峰岭水源涵养与生物多样性保护重要区；马山县东部、西北部属都阳山喀斯特山地土壤保持重要区；隆安县西部位于桂西南喀斯特山地生物多样性保护重要区。南宁市在广西壮族自治区生态功能区划中的定位如图 2.3 所示。

2. 经济发展水平

南宁市享有民族区域自治、西部大开发、沿海沿边沿江开放、珠江-西江经济带、革命老区振兴、北部湾经济区、北部湾城市群以及"一带一路"建设、打造中国-东盟自贸区"升级版"等多重政策优势。经初步核算，2023 年全年全市地区生产总值 5 469.06 亿元，按可比价格计算，比上年增长 4.0%。三次产业中，第一产业增加值 636.4 亿元，增长 4.5%；第二产业增加

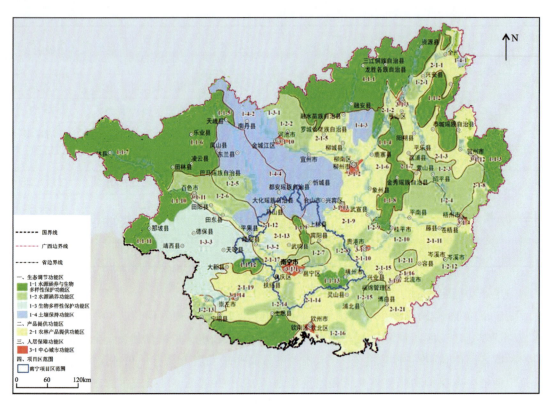

图 2.3　南宁市在广西壮族自治区生态功能区划中的定位示意图

值 1 194.58 亿元,增长 1.1%;第三产业增加值 3 638.08 亿元,增长 4.8%。按常住人口计算,全年人均地区生产总值 61 338 元,比上年增长 3.3%。三次产业的比重为 11.6∶21.8∶66.5。与 2022 年比较,第一产业比重上升 0.1 个百分点,第二产业比重下降 0.8 个百分点,第三产业比重上升 0.7 个百分点,对经济增长的贡献率分别为 14.1%、6.0% 和 79.8%。南宁市 2019—2023 年生产总值及增长速度如图 2.4。

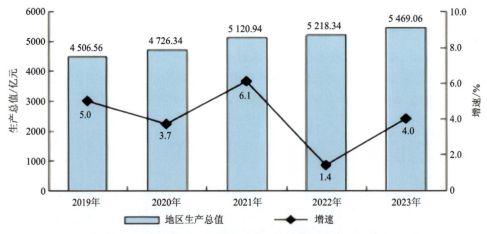

图 2.4　2019—2023 年南宁市地区生产总值及增长速度

2023年末常住人口894.08万人,比上年增加4.91万人,增长0.6%。其中,城镇常住人口638.08万人,城镇化率71.4%,比上年提高1个百分点。全年常住人口出生率8.2‰,比上年回落0.2个千分点;常住人口死亡率6.67‰,比上年提高0.42个千分点;常住人口自然增长率1.53‰,比上年回落0.62个千分点。

3. 土地利用现状

根据2021年度国土变更调查数据,南宁市耕地面积为47.03万 hm²,园地面积为15.12万 hm²,林地面积为123.79万 hm²,草地面积为1.58万 hm²,湿地面积0.03万 hm²,城镇(村)和工矿用地面积为14.39万 hm²,交通运输用地面积5.16万 hm²,水域及水利设施用地面积11.02万 hm²。南宁市2021年土地利用现状调查结果分布如图2.5所示。

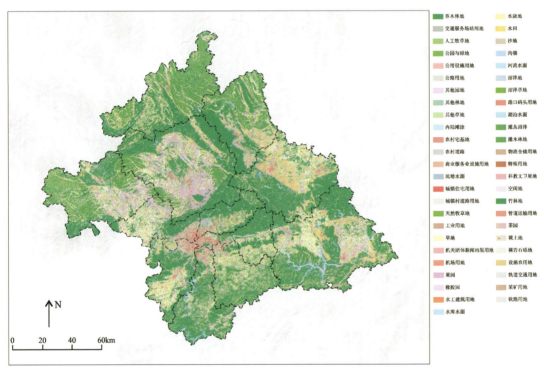

图2.5 南宁市土地利用现状分布

三、资源开发利用状况

1. 南宁市矿产资源开发概况

南宁市的成矿地质条件较好,矿产资源种类较多。优势矿产以水泥用灰岩、建筑石料用灰岩、砖瓦用页岩等砂石土资源为主,铁、锰、铝土等大宗重要矿产匮乏。截至2022年,南宁市勘查发现矿产资源63种,主要有:①能源矿产褐煤、无烟煤、石煤,地热(热矿水);②黑色金属矿产铁、锰、钒、钛;③有色金属矿产铜、铅、锌、铝土矿、镍、钴、钨、铋、钼、锑,贵金属矿产金、银;④化工原料非金属矿产磷、硫铁矿、芒硝、砷、泥炭、重晶石;⑤冶金辅助原料非金属矿产萤石、耐火黏土;⑥建材和其他非金属矿产压电水晶、熔炼水晶、滑石、叶蜡石、石膏等。已探明储量矿床173处,其中大型5处,中型32处,小型136处。"十三五"期间,南宁市新增金属量铅锌26.71万t,铜2.71万t,银172.27t,重要矿产资源保障能力有所增强。

2. 南宁市矿山基本情况

1) 矿山选取

南宁市原有未治理历史遗留废弃矿山图斑1094个,自然资源部核查数据图斑面积17.29 km²(实际投影面积17.23km²)。根据《广西壮族自治区自然资源厅关于推进全区"十四五"废弃矿山生态修复工作的通知》(桂自然资发〔2022〕73号)要求,开展本行政区域自然恢复历史遗留废弃矿山的认定、管护及验收销号、抽查抽验、跟踪监测等工作,2024年12月底前,基本完成全区自然恢复历史遗留废弃矿山验收销号工作。目前,南宁市各区县已于2022年12月31日前完成了自然恢复历史遗留废弃矿山认定工作,共有图斑447个,面积5.91km²。另有7个面积为0.32km²的图斑已立项开工或存在权属争议。

根据《财政部办公厅自然资源部办公厅关于组织申报2023年历史遗留废弃矿山生态修复示范工程项目的通知》(财办资环〔2023〕1号)中的申报要求,将南宁市已完成自然恢复认定、已立项开工及存在权属争议的图斑剔除之后,剩余图斑纳入本项目实施范围,纳入图斑均属于经全国历史遗留废弃矿山核查确认的历史遗留未治理矿山图斑,不涉及有明确修复责任主体的情形。

工程开展区共涉及历史遗留废弃矿山图斑640个,修复治理面积(核查数据下发统计面积1 105.94hm²)1 100.66hm²,涉及除南宁市邕宁区以外其他11个行政区和东盟区、经开区2个经济开发区,其中矿山面积占比超过10%的区县有马山县、兴宁区、宾阳县、上林县、武鸣区。南宁市各县(市、区)历史遗留废弃矿山分布统计见表2.4。

表2.4 南宁市历史遗留废弃矿山分布情况

序号	县(市、区)	图斑数量/个	治理面积/hm²	面积占比/%
1	马山县	128	259.75	23.60
2	上林县	134	148.71	13.50
3	宾阳县	111	176.26	16.01
4	武鸣区	55	122.45	11.13
5	东盟区	2	0.99	0.09
6	隆安县	33	31.12	2.83
7	兴宁区	84	220.61	20.04
8	江南区	21	29.78	2.71
9	经开区	6	4.05	0.37

续表 2.4

序号	县(市、区)	图斑数量/个	治理面积/hm²	面积占比/%
10	良庆区	21	24.94	2.27
11	青秀区	4	8.44	0.77
12	西乡塘区	16	32.40	2.94
13	横州市	25	41.16	3.74
	合计	640	1 100.66	100.00

2)矿产种类

根据《中华人民共和国矿产资源法实施细则》,南宁市拟修复矿山中开采矿产资源涵盖除水气矿产以外的能源矿产、金属矿产、非金属矿产 3 个一级类和 17 个二级子类。其中,能源矿产有煤 1 类,总面积 31.45hm²,占 2.86%;金属矿产有钒矿、金矿、锰矿、铅矿 4 类,总面积 158.03hm²,占 14.35%;非金属矿产有硅灰石、滑石、方解石、石灰岩、砂岩、天然石英砂、粉石英、页岩、高岭土、其他黏土、花岗岩、泥炭 12 个子类,总面积 911.18hm²,占 82.79%。南宁市历史遗留废弃矿山生态修复平面规划和历史遗留废弃矿山矿产的分布情况如图 2.6 所示,南宁市历史遗留废弃矿山矿产种类统计表见表 2.5。

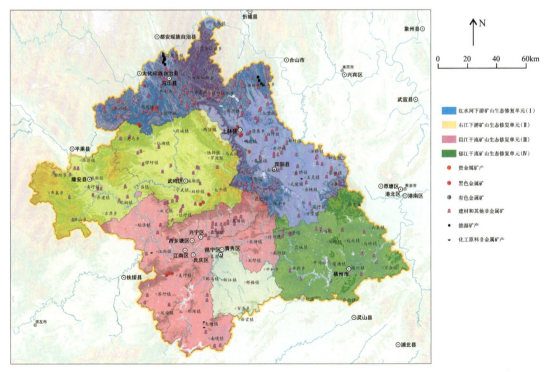

图 2.6 南宁市废弃矿山矿产分布图

表 2.5 南宁市历史遗留废弃矿山矿产种类统计表

一级类	二级子类		面积/hm²	占比/%
能源矿产	煤		31.45	2.86
	小计		31.45	2.86
金属矿产	钒矿		3.87	0.35
	金矿		1.37	0.12
	锰矿		152.15	13.82
	铅矿		0.64	0.06
	小计		158.03	14.35
非金属矿产	硅灰石		0.61	0.06
	滑石		49.76	4.52
	方解石		3.19	0.29
	石灰岩	未分类	107.10	9.73
		建筑石料用灰岩	198.80	18.06
	泥灰岩		9.32	0.85
	石英岩		0.34	0.03
	砂岩	建筑用砂岩	0.25	0.02
		砖瓦用砂岩	2.82	0.26
	天然石英砂	未分类	0.35	0.03
		建筑用砂	5.13	0.47
	粉石英		9.42	0.86
	页岩	未分类	17.02	1.55
		建筑用页岩	11.06	1.00
		砖瓦用页岩	86.81	7.89
	高岭土		3.98	0.36
	其他黏土	未分类	12.82	1.16
		水泥用黏土	13.66	1.24
		砖瓦用黏土	374.44	34.02
	花岗岩	饰面用花岗岩	0.15	0.01
	泥炭		4.18	0.38
	小计		911.18	82.79
合计			1 100.66	100.00

3)开采方式

南宁市的废弃矿山开采方式包括露天开采、井工开采、联合开采3种方式,以露天开采为主。露天开采图斑584个,总面积1 029.57hm²,占比93.54%,主要分布在马山县、上林县、宾阳县、武鸣区、兴宁区、隆安县、良庆区等;井工开采图斑33个,总面积55.20hm²,占5.02%,主要分布在马山县、上林县和宾阳县;联合开采图斑23个,总面积15.89hm²,占1.44%,分布在上林县。南宁市历史遗留废弃矿山开采方式详细见下表2.6。

表2.6 南宁市历史遗留废弃矿山开采方式统计表

序号	县(市、区)	露天开采		井工开采		联合开采	
		图斑/个	面积/hm²	图斑/个	面积/hm²	图斑/个	面积/hm²
1	马山县	113	211.45	15	48.29		
2	上林县	96	126.54	15	6.27	23	15.89
3	宾阳县	108	175.62	3	0.64		
4	武鸣区	55	122.45				
5	东盟区	2	0.99				
6	隆安县	33	31.12				
7	兴宁区	84	220.6				
8	江南区	21	29.78				
9	经开区	6	4.05				
10	良庆区	21	24.94				
11	青秀区	4	8.44				
12	西乡塘区	16	32.4				
13	横州市	25	41.16				
合计	13个	584	1 029.57	33	55.20	23	15.89

4)矿区土地利用现状

根据2021年度国土变更调查数据,项目区范围内有耕地82.58hm²,园地43.86hm²,林地130.29hm²,草地122.37hm²,商业服务业用地93.96hm²,工矿用地421.07hm²,住宅用地15.84hm²,公共管理与公共服务用地11.95hm²,特殊用地0.01hm²,交通运输用地54.85hm²,水域及水利设施用地65.96hm²,其他土地57.92hm²。项目区土地利用现状详见表2.7。

表2.7 项目区土地利用现状分类

一级地类	二级地类	面积/hm²	面积占比/%
耕地	水田	12.69	1.15
	旱地	69.89	6.35
	小计	82.58	7.50

续表 2.7

一级地类	二级地类	面积/hm²	面积占比/%
园地	果园	40.11	3.64
	其他园地	3.75	0.34
	小计	43.86	3.98
林地	乔木林地	56.34	5.12
	竹林地	0.68	0.06
	灌木林地	47.41	4.31
	其他林地	25.86	2.35
	小计	130.29	11.84
草地	人工牧草地	0.10	0.01
	其他草地	122.27	11.11
	小计	122.37	11.12
商业服务业用地	商业服务业设施用地	23.82	2.16
	物流仓储用地	70.14	6.37
	小计	93.96	8.53
工矿用地	工业用地	178.26	16.20
	采矿用地	242.81	22.06
	小计	421.07	38.26
住宅用地	城镇住宅用地	10.85	0.99
	农村宅基地	4.99	0.45
	小计	15.84	1.44
公共管理与公共服务用地	机关团体新闻出版用地	8.12	0.74
	科教文卫用地	0.67	0.06
	公用设施用地	3.16	0.29
	小计	11.95	1.09
特殊用地	特殊用地	0.01	0
交通运输用地	铁路用地	0.01	0
	公路用地	28.43	2.58
	城镇村道路用地	0.36	0.03
	交通服务场站用地	11.39	1.03
	农村道路	14.66	1.33
	小计	54.85	4.97

续表 2.7

一级地类	二级地类	面积/hm²	面积占比/%
水域及水利设施用地	河流水面	0.08	0.01
	水库水面	2.95	0.27
	坑塘水面	62.07	5.64
	沟渠	0.72	0.07
	水工建筑用地	0.14	0.01
	小计	65.96	6.00
其他土地	设施农用地	30.78	2.80
	裸土地	6.56	0.60
	裸岩石砾地	20.58	1.87
	小计	57.92	5.27
总计		1 100.66	100.00

5）分布特征

南宁市废弃矿山修复项目修复的图斑共计 640 块，分布在南宁市 13 个县（市、区），图斑总面积 1 100.66hm²，其中，面积小于 50 亩的图斑 565 个，占总图斑数量的 88.28%；面积 50～100 亩的图斑 50 个，占总图斑数量的 7.81%；面积超过 100 亩的图斑 25 个，占总图斑数量的 3.91%。南宁市历史遗留废弃矿山空间分布特征上总体呈现出"基数大、单体小、面域广"的特点。南宁市历史遗留废弃矿山规模情况详见表 2.8。

表 2.8 南宁市历史遗留废弃矿山规模等级统计表

规模等级	图斑数量/个	数量占比/%	面积/hm²	面积占比/%
<50 亩	565	88.28	585.45	53.19
50～100 亩	50	7.81	231.14	21.00
>100 亩	25	3.91	284.07	25.81
合计	640	100.00	1 100.66	100.00

第二节 生态问题及问题分析

一、参照系选择与参照生态系统构建

参照生态系统（reference ecosystem）是指一个能够作为生态恢复目标或基准的生态系统。它通常包括破坏前的生态系统、未因人类活动而退化的本地生态系统，以及能够适应正在发生的或可预测的环境变化的生态系统。参照生态系统的构建对南方丘陵山地带内各保

护修复单元的生态环境问题识别、生态环境现状诊断、保护修复目标设立,以及修复模式和措施的选择具有重要意义。

参照生态系统构建需要一个能够作为生态恢复基准的本地生态系统当作参照系,地带性植被和保存完好、受干扰较少的隐域性植被可很好地作为参照条件。位于项目区内的大明山自然保护区水源涵养、生物多样性保护、水土保持等生态系统功能较为优质,其自然条件和生态系统本底值能代表项目区理想状况的生态恢复目标,符合参照生态系统的评价标准和要求。故本项目选取大明山自然保护区作为参照生态系统构建的参照系。

1. 参照系选择——大明山自然保护区

大明山是广西弧形山脉的组成部分,位于广西中部偏西,红水河和右江之间,上林、武鸣、马山3个区(县)交界处,地理坐标范围为东经108°20′—108°34′,北纬23°24′—23°30′,保护区总面积为16 994hm^2。由寒武系、奥陶系轻变质石英砂岩、板状页岩、千枚岩及少量燕山期花岗斑岩组成其山地的背斜核心部位,两旁为泥盆纪的坚硬砂页岩,往外则为石炭系石灰岩。该保护区以北回归线上保存较完整的常绿阔叶林为特色,以多样性山地森林生态系统以及珍稀濒危特有动植物资源为主要保护对象,是具有典型地带性特征的国家级森林生态系统类型保护区。保护区内蕴藏维管束植物209科764属2023种,其中蕨类植物42科84属250种,裸子植物7科9属18种,被子植物中的双子叶植物138科544属1531种,被子植物中的单子叶植物22科127属224种,动物31目90科208属294种,是南宁地区生物多样性最具代表性的地方。为加强生态环境保护,1981年8月广西壮族自治区人民政府批准同意将大明山林场改为自治区级水源林保护区,2002年7月经国务院批准为国家级自然保护区。大明山山上年平均气温15℃,夏无酷暑,5—9月平均气温为20℃左右。据最新测定,大明山空气负离子含量均达到或超过1000个/cm^3,平均含量7万个/cm^3,最高达19万个/cm^3。森林覆盖率98.9%,且常绿阔叶原生性植被保存完好,是广西重要的水源涵养林。

2. 参照生态系统构建

在确立参照生态系统时,要坚持山水林田湖草沙一体化保护和修复及人类活动破坏影响区协同治理的原则,根据生态修复项目的前期调查和生态系统的生态问题识别,寻找生态系统退化和治理修复最迫切的关键区域,开展矿山生态修复和环境综合整治统筹部署。针对各生态修复类型,从自然资源条件、基础设施与工程施工条件、社会经济、生态风险等方面构建指标体系进行综合评价,并根据评价确定生态保护修复优先区域。

南宁市历史遗留废弃矿山生态修复工程实施以大明山自然保护区作为理想参照系,构建南方丘陵山地带(南宁)矿山生态修复的参照生态系统,参照生态系统物种尽可能选择大明山自然保护区生态系统的组分,适地适树,选择先锋树种,合理搭配建群种,依照物种互惠共生与生态位分化原理,以减少种间种内竞争,配置良好的异龄复层混交林,达到适地适林,可自我维持、繁衍的近自然生态系统,有利于改善南方丘陵山地带脆弱的喀斯特生态系统,增强陆地碳汇。南宁市历史遗留废弃矿山生态修复参照生态系统构建详情见表2.9。

表 2.9　南宁市历史遗留废弃矿山生态修复参照生态系统构建

基本要素	要素构成	属性特征	参考指标
生态格局	区域生态格局和矿区生态特征	①区域生态格局：位于"三区四带"中的南方丘陵山地带；桂黔滇喀斯特石漠化防治国家重点生态功能区；西江上游水源涵养与土壤保持重要功能区；西南喀斯特土壤保持重要功能区。②矿区生态特征：属于欧亚大陆温带草原生态系统，位于季雨林型常绿阔叶林地带；部分区域属于以喀斯特环境为主的特殊生态系统，生态系统脆弱敏感，极易受到内外营力扰动而退化	①生态保护修复应遵循国家能源资源安全和生态安全政策措施与规划部署。②水土保持贯穿于生态保护修复工作始终，控制林草退化，减少耗水量大的植被绿化和农垦活动
环境条件	地貌类型、水土条件、水文气象和植被盖度	①地貌类型：属于南宁盆地，盆地向东开口，南、北、西三面均为山地丘陵围绕，形成西起凤凰山，东至青秀山的长形河谷盆地。多以泥盆系、二叠系和三叠系为地质基层，岩性以石灰岩占优势，页岩、砂岩次之，第四系红土层为地表盖层。山岳环绕，丘陵起伏，山多地少，地貌复杂多样，分平地、低山、石山、丘陵、台地5种类型。②土地类型：项目区内主要土地类型为林草地和耕地。③地表水系：属珠江流域西江水系，较大的河流有邕江、右江、左江、红水河、武鸣河、八尺江等，地表水资源8.64亿 m³。④地下含水层：主要为松散岩类孔隙水含水层，主要含水层为各级阶地内的砂砾石层，水位埋深一般大于5m，水质偏酸、低矿化度、多种化学类型、软～极软淡水、含铁偏高、有机质污染较明显。⑤土壤：本项目区土壤质地以赤红壤为主，水稻土次之，还有各种其他类型土壤。⑥植被盖度：本项目拟修复区植被盖度10%～15%。⑦气象：南亚热带季风气候，多年平均降水量1 304.2mm	①地形地貌重塑应尊重原有地形形态，通过地形整治、场地平整、土石方配置、田埂修筑、客土回填等工程措施进行地形地貌重塑。②土地复垦方向以林草地为主，具有良好水土条件者可以复垦为农用地。当地下水位埋深小于1.4m时，植被群落宜以湿生植被和农作物为主；当地下水位埋深1.4～3.8m时，植被群落宜以乔木、灌草为主；当地下水位埋深大于3.8m时，植被群落以适生乔木为主。③复垦土地的土壤质量达到扰动前水平。复垦后用作耕地和园地的，有效表土厚度不小于40cm，土壤质地以砂壤土和砂质黏土为主，砾石含量不超过20%，有机质含量不小于1.5%，pH值介于6.0～8.5之间，控制土壤容重不超过1.45g/cm³；复垦后用作林地的，有效表土厚度不小于20cm，土壤质地以砂土和粉黏土为主，砾石含量不超过30%，有机质含量不小于1%，pH值介于5.5～8.5之间，控制土壤容重不超过1.5g/cm³；复垦后用作草地，有效表土厚度不小于20cm，土壤质地以砂土和壤质黏土为主，砾石含量不超过20%，有机质含量不小于1%，pH值介于6.0～8.5之间，控制土壤容重不超过1.45g/cm³。④具有完备的地表截排水系统，松散岩类孔隙水含水层水位不再持续下降。⑤本项目拟修复区植被盖度不低于30%

续表 2.9

基本要素	要素构成	属性特征	参考指标
胁迫因素	地质环境问题、地形破坏、土地资源损毁、水土流失和石漠化、生物多样性降低、生态系统稳定性降低	①采矿活动造成地表移动变形引发地表开裂、地面塌陷、边坡失稳等。②采矿作业破坏原有山体地形,造成山体破损、岩石裸露。③采矿活动对土地的挖损、压占以及固体废弃物对土地的压占等对土地造成了损毁。④采矿活动造成地表植被破坏,矿区泥土、石头长期裸露在外,降雨作用下极易发生水土流失和石漠化危害。⑤采矿活动造成天然植被减少,人工植被增多,植物物种空间配置不合理,物种多样性退化。⑥采矿活动导致矿区土地土层薄、含水层破坏、生物活性差,受损生态系统恢复缓慢,稳定性降低	①区域不存在地质环境问题。②地形破坏活动停止,已造成破坏的地段得到修复。③挖损土地得到平整,压占土地得到恢复。④有效遏制矿区水土流失及石漠化情况。⑤采用人工辅助措施控制植被持续退化,参照周边原生态植被物种及空间配置重建植被。⑥逐步恢复受损生态系统,提升生态系统稳定性
物种组成	乔木树种、灌木植物、草本植物和攀缘植物以及农作物	①乔木树种:马尾松、罗汉松、柳杉、竹柏、青冈栎、高山榕、大果榕、小叶榕、相思、红花羊蹄甲、木麻黄、桃花心木、木荷、幌伞枫、棕榈、长叶次葵、大叶榕、枫香、木棉、香樟、刺桐、凤凰木等。②灌木植物:双荚决明、黄槐决明、黄槐、紫薇、扶芳藤、假茉莉、假连翘、车桑子、金丝桃、小叶女贞、木槿、紫荆、木豆、多花木蓝、胡枝子、马棘、夹竹桃、杜鹃、牡荆、珊瑚树等。③草本植物:狗牙根、马唐、地毯草、百喜草、白三叶、紫苜蓿、草木犀、乌毛蕨、芒草等。④攀缘植物:羽叶金合欢、蛇藤、紫薇、常春油麻藤、南蛇藤、野蔷薇、多花蔷薇、凌霄等。⑤人工农作物:甘蔗、玉米、龙眼、稻谷、烟叶、西瓜、木薯、辣椒、板栗、荔枝、花生、豆类等	①坡度30°以下矿区植被复绿以乔灌木树种为主,草本和农作物为辅。适生植被包括小叶榕、马尾松、木荷、枫香等乔木树种;车桑子、木槿、杜鹃等灌木种植。攀援植物主要有蛇藤小苗、野蔷薇、紫薇等;草本植物主要有芒草、狗牙根、马唐地等。农作物主要有甘蔗、豆类、木薯等。②坡度30°~45°矿区植被复绿以灌木和草本为主,以乔木、攀缘植物为辅。适生植被包括车桑子、假连翘、紫荆等灌木植物,芒草、白三叶、狗牙根等草本植物。乔木植物主要有小叶榕、木荷、枫香等;攀缘植物主要有蛇藤、野蔷薇、凌霄等。③坡度45°以上矿区植被复绿以攀缘植物为主,草本为辅。适生植被包括蛇藤、紫薇、凌霄等;草本植物主要有乌毛蕨、狗牙根等

续表 2.9

基本要素	要素构成	属性特征	参考指标
服务功能	水源涵养、水土保持、碳汇能力、生物多样性维持	①水源涵养：本区水源涵养功能较弱。②水土保持：本区生态环境本底脆弱，加之矿业活动扰动影响等原因，水土流失风险极大。③碳汇能力：本区植被稀疏，利用植物光合作用吸收大气中的二氧化碳的能力偏弱。④生物多样性维持：本区域存在独特的林木、灌丛、草地等生态系统	①控制水土流失，提高植被覆盖度等将有效改善水源涵养能力。②水土保持贯穿生态修复始终。重点实施5°以下或15°以上相对平整区域的植被复绿，增强山体坡面固土能力，提高植被覆盖度，提升水土保持能力，遏制水土流失。③充分利用充足光照和开阔地域条件，建立大面积生态林草区域，增强区域碳汇能力。④保护好天然灌丛、草地分布区域是维持生物多样性的重要目标
外部交换	本区域与周边区域的空间连通性和协调性	①地貌协调性：本区地貌复杂多样，采矿活动后，地貌形态由典型的喀斯特地貌演替成以平台、高陡边坡、采坑为主的矿区地貌。②水系连通性：本区主要河流为珠江流域西江水系，主要有6条河流。③植被相似性：南宁地区野生维管束植物3988种，以乔灌木为主。④风、光、热条件：区域属南亚热带季风气候，炎热温润，夏雨冬干，夏长冬短，春秋相连，霜雪少见，日照丰富，光能强，积温有效性大，年平均气温21℃	①地形修整应遵循原生地貌特征，避免过度整治。②河流经修复区域应保持河道顺畅，区域人工排水沟渠与河流保持合理坡降，避免过度切割地形。③复绿植被应以适地乡土物种为主，引入外来物种应评估可行性和适应条件，杜绝外来物种入侵。④生态修复方式方法应符合本区域的风向、光照、温度等水热温湿条件

二、生态问题识别与诊断

1. 矿山生态问题识别

按照《矿山生态修复技术规范 第1部分：通则》(TD/T 1070.1—2022)中矿山生态问题分级原则，将矿山生态问题级别划分为Ⅰ级、Ⅱ级和Ⅲ级。Ⅰ级：场地存在重大地质安全隐患，地质条件不稳定，或场地存在具有影响环境安全的重大水土污染问题，或存在严重土地损毁、水资源破坏，地表植被生境受到严重影响，生态退化严重。Ⅱ级：场地存在一定的地质安全隐患，地质稳定性较差，或场地局部存在水土污染，存在一定程度土地损毁、水资源破坏，局部植被盖度与质量受到影响，物种生境条件较为稳定，生态系统结构与功能较为完好。Ⅲ级：场地不存在地质安全隐患和水土污染，地质稳定性与水土质量良好，地表仅存在少量土地损毁或水资源破坏，仅局部植被盖度与质量受到影响，物种生境条件稳定，生态系统结构与功能完好。

根据现场矿山生态问题识别与诊断,南宁市矿山生态修复项目区内640个图斑中Ⅰ级图斑261个,占比40.78%;Ⅱ级图斑351个,占比54.84%;Ⅲ级图斑28个,占比4.38%。按面积划分,南宁市矿山修复项目区共1 100.66hm²,其中Ⅰ级面积445.68hm²,占比40.51%;Ⅱ级面积616.31hm²,占比55.95%;Ⅲ级面积38.67hm²,占比3.54%。南宁市矿山生态问题分级具体情况见表2.10。

表2.10 矿山生态问题分级

序号	子项目名称	矿山生态问题分级							
		Ⅰ级		Ⅱ级		Ⅲ级		合计	
		数量/个	面积/hm²	数量/个	面积/hm²	数量/个	面积/hm²	数量/个	面积/hm²
1	马山大明山北麓历史遗留废弃矿山生态修复项目	84	177.65	33	50.59	11	31.51	128	259.75
2	上林大明山东麓历史遗留废弃矿山生态修复项目	64	84.86	60	59.04	10	4.80	134	148.70
3	宾阳清水河上游历史遗留废弃矿山生态修复项目	38	50.58	71	125.39	2	0.29	111	176.26
4	武鸣河流域历史遗留废弃矿山生态修复项目	33	39.60	23	83.50	1	0.35	57	123.45
5	隆安右江干流历史遗留废弃矿山生态修复项目	11	14.86	21	15.64	1	0.62	33	31.12
6	兴宁高峰岭南麓历史遗留废弃矿山生态修复项目	12	45.85	72	174.75	0	0	84	220.60
7	南宁主城区历史遗留废弃矿山生态修复项目	12	18.55	53	79.97	3	1.10	68	99.62
8	横州郁江干流历史遗留废弃矿山生态修复项目	7	13.73	18	27.43	0	0	25	41.16
	合计	261	445.68	351	616.31	28	38.67	640	1 100.66

2. 矿山地质安全问题突出

南宁市区域内地质安全隐患废弃矿山数量多、分布广、危害大,地质隐患易引发地质灾害的发生,地质灾害的发展进一步破坏区域的生态环境与地质环境。据调查,南宁市的地质安全问题主要为崩塌(含危岩)、滑坡和塌陷。

崩塌(含危岩):主要是由建筑石料、非金属等露天开采矿山形成的高陡边坡引起的。露天矿山不规范开采后,没有对边坡进行清理,造成边坡危岩发育,危岩稳定性差,在振动或强降雨等不利因素作用下易发生崩塌。马山县部分采石场的危岩,安全隐患大,易引发地质灾害,发生崩塌,对当地生态环境和生活造成威胁,例如南宁市项目区"三区三线"等重点区域内废弃矿山高陡边坡问题最为突出(图2.7),直接威胁周边居民和公共设施的安全,容易造成难以预估的经济损失。

图 2.7 马山县部分采石场危岩体

滑坡:主要是由煤矿堆积的废石、煤矸石和露天开采的石料矿、瓷土矿无序堆积的废石、废渣、尾砂等造成的,如马山县部分采石场的滑坡现象(图2.8),采石场的山体滑坡不利于采石项目工作开展危害工作人员人身安全。南宁市矿山修复项目区域内最大的露天矿山废弃坑深度约为50m,高陡边坡矿山多达370余处,最大坡陡近乎垂直,坡面遍布危岩,部分边坡稳定性较差,易出现沿外倾临空结构面整体滑移或局部掉块现象。不稳定边坡在强降雨时期易引发边坡滑塌,给周边居民人身财产及道路安全带来威胁。

图 2.8 马山县部分采石场滑坡体

塌陷:是由以井下开采为主的煤矿造成的。部分煤矿因采深采厚比较小,顶板岩石裂隙发育,稳定性较差,易造成采空地面塌陷,但由于废弃时间较长,部分塌陷深度较浅区域已被植被覆盖,地面变形现状不甚明显。

3. 地形地貌破坏严重

采矿活动对地形地貌的影响主要是由挖掘剥离、固体废弃物堆放以及其他施工占地等引起的地形和地表植被的损毁,进而造成原有区域地貌和生态景观格局破坏。宾阳县部分矿山开采过程中,原地形地貌遭到严重破坏,开采过程中废石废料的搬运堆积,以及采矿区生态环境的破坏,造成其采矿地的原有地形特征被改变,如图2.9所示。

图2.9 宾阳县部分矿山地形地貌破坏照片

根据现场调查,南宁市项目区因采矿活动形成的矿坑多达268个,部分矿坑直径超过100m,坑深超过50m。矿区原生地形破坏面积735.26hm²,占项目区废弃矿山总面积的66.8%,从高空眺望,与周边连绵的天然植被形成极大反差,山体遭到严重破坏,改变了原有的自然美学价值。同时,废弃矿山开挖形成的高陡边坡、固体废弃物的堆放等都会改变项目区原有的地形特征,对自然生态系统的完整性与连通性造成了极大破坏。

4. 土地资源损毁严重

采矿活动不仅造成地形地貌的破坏,同时还造成土地资源损毁,导致农业及林业等生产用地后备资源不足。矿山对土地资源的损毁主要为占用和破坏土地资源,表现为采矿场开挖、固体废弃物堆放和开挖导致的地面塌陷,矿区修路及建设厂房占地等改变土地地类、占用土地资源,造成土地利用率低等。上林县部分采石场造成的土地资源损毁,矿区修路占用的农用地,导致农用地受损严重,土壤肥力大大降低,土地的用途发生明显改变,采矿项目结束后,被占用的农用地难以恢复其原地类用途(图2.10)。

图2.10 上林县部分采石场土地资源损毁情况

露天开采需剥离矿层上的覆盖层,挖损大量土地,地表植被完全被破坏,首先造成土地资源的直接性破坏,其次开采剥离物的滞留以及固体废弃物的堆放,改变原土结构及层序,影响土壤侵蚀和植物生长,在雨水的侵蚀下,诱发崩塌、滑坡、泥石流等次生地质灾害,吞没土地、阻塞河床,进一步造成土地资源的损毁。除此之外,大部分矿山开采后得不到及时的治理修复,致使矿山土地生产功能得不到恢复,被迫荒废闲置。

根据前期调查,南宁市项目区 640 个历史遗留废弃矿山图斑中,有 502 个涉及土地资源损毁问题,占比达 78.44%,主要以林草地、耕地损毁为主,损毁总面积达 212.87 hm^2,占项目区总面积的 19.34%,其中林地(含灌木林地)130.29 hm^2,耕地 82.58 hm^2,按当地平均种植水平,每年少产粮食大约 $4.1×10^5$ kg,相当于 980 多人的年粮食占有量,废弃矿山土地资源损毁情况严重,浪费巨大。历史遗留废弃矿山的采矿场、工业场地、废石场等大量土地闲置荒废,亟待盘活利用。在受资源环境承载能力约束,国家对林地及耕地资源保护力度加大的背景下,"中国绿城"林业和农业用地紧张,林地及耕地面积占比不足的压力持续增大,土地后备资源欠缺。

5. 动植物生境破坏

南宁市内天然植被以亚热带常绿阔叶林及其次生阔叶林、常绿灌丛、草丛为主,人工林也占主要成分。漏斗地形和洼地底部的林木生长较为粗壮、高大,越往山顶林木越矮小纤细。喀斯特山地和丘陵山地土壤贫瘠,树种及灌木根系形态和发育受岩石、缝隙、地表土壤、枯枝落叶的情况影响,其生态系统较为脆弱,一旦遭到破坏就难以恢复。南宁市动物以陆生脊椎动物为主,其中大多数为兽类及鸟类,主要栖息于山地、林地及灌木林中。

露天采矿破坏原生地表植被和表层岩土,使植被及土壤丧失生产力,直接影响动植物生存环境。项目区废弃矿山原生地形破坏面积达 735.26 hm^2,土地损毁总面积达 212.87 hm^2,高达 948 hm^2 的各类动植物生境遭到直接破坏,占项目区总面积的 86.14%。

三、生态问题评价

1. 水土流失趋于恶化,石漠化加剧

南宁市属于西南喀斯特土壤保持功能区,生态系统敏感脆弱。项目内的土地普遍存在基岩裸露、土层浅薄且分布不均、水分下渗剧烈、地表保水保肥性差等生态问题。大规模的矿山开采会破坏浅层含水层结构,阻断含水层连续性,造成地下水位下降,进而引发河水漏失、泉水干涸,造成局域性干旱区。同时,地表植被被大量破坏后,导致矿区岩层及土壤等长期裸露在外,经过风吹日晒,进一步加剧土壤松散、地表土层稀薄和岩石碎裂等情况,在降雨的作用下极易发生水土流失。

项目区内红水河下游矿区以露天开采为主,露天开采面积占项目区总面积的 87.84%。露天开采活动造成山体大面积裸露,且固体废弃物大部分以临时堆放的形式占压土地,这些堆放体结构松散,表面积大,在一定程度上也会造成新的水土流失。宾阳县采矿点就是典型的矿山开采之后造成的山体大面积裸露,地表保水保肥等能力下降,导致局部性干旱(图 2.11),据

图 2.11　宾阳县历史遗留矿点水土流失情况

统计,项目区水土流失面积约为 213.86hm²。

与此同时,该项目区内的石漠化现象也较为突出,是喀斯特地区长期自然演化和人类不合理活动叠加导致。项目区敏感脆弱的生态环境是石漠化形成的前提,不合理的采矿活动导致矿区基岩裸露,山体呈现高陡边坡,不利于土壤层堆积,同时项目区地表水缺乏,地下水又埋深,水土流失现象较为严重,水土流失久而久之造成土地石漠化,石漠化过程又加剧了水土流失,从而导致恶性循环,使得项目区域生态系统逐步退化。南宁市石漠化分布如图 2.12 所示,项目区石漠化总面积高达 300.91hm²,占项目区总面积的 27.3%,其中轻度石漠化面积为 130.16hm²,中度石漠化面积 132.11hm²,重度石漠化面积为 38.64hm²,中度和重度石漠化占石漠化总面积的 56.7%,石漠化趋势严重。例如宾阳县部分历史遗留废弃矿山的植被逐渐减少、土壤土层变薄、保水储水能力下降、矿区岩体裸露部分增多,导致石漠化现象越发突出,生态环境越发敏感脆弱。

图 2.12　上林县历史遗留矿点石漠化情况

2. 生态受损及退化

南宁市地处中亚热带常绿阔叶林和南亚热带常绿季雨林两个植被带,天然植被以亚热带常绿阔叶林及其次生阔叶林、常绿灌丛、草丛为主。矿山开采前,区域植被丰富度较高,层次结构较多,食物链较复杂,光合生产率较高,生态系统功能完好。露天矿山开采及尾矿、废石等固体废弃物的堆放导致区域植被损毁殆尽,总面积达 130.29hm²,基岩裸露,植物无法生长,土壤和植被固碳能力丧失。地下开采的采场虽不直接破坏地表植被和表层岩土,但由于其对地下水系统破坏剧烈,周边地区地下水位下降,表层土壤疏干,从而导致植被生长不良,盖度降低,生物群落退化,呈石漠化趋势。

早期粗放式"点-线-面"的开发利用格局,造成植被破碎化,喀斯特森林植被逐渐趋于简单化,生态系统质量降低,包括涵养水源、水土保持及防风固沙及碳汇在内的服务功能逐渐下降。

生态系统稳定性降低,生物多样性减少。生态系统信息流动是一个复杂的过程,一方面信息流动过程涉及生产者、消费者和分解者亚系统,另一方面信息在流动过程中不断发生着复杂的信息交流和转化。采矿改变区域生态系统的氮、碳和磷等物质的循环,同时改变生态系统的结构,影响能量流动,进而影响生态系统的信息传递。同时,原生植被的破坏和土地资源的损毁改变了区域原有生态系统的群落生物组成和生物量,进而影响区域生态系统结构与功能的稳定性,使生态系统发生逆向演替。

适宜的动物栖息地面积逐渐减少,迫使动物迁移到更远或更不适合它们的地方觅食、栖息或繁衍,同时由于矿山开采点多面广,在一定程度上破坏了动物生态廊道的系统性和连通性,阻碍动物间进行交流,从而影响动物生存繁衍,最终导致局部区域生态系统生物多样性逐渐减少。

根据初步调查,位于项目区内的广西大明山国家级自然保护区、广西龙山自治区级自然保护区、广西龙虎山自治区级自然保护区、广西三十六弄-陇均自治区级自然保护区、广西弄拉自治区级自然保护区等区域的重点野生动植物正在遭受威胁。南宁市石漠化分布情况见图2.13。

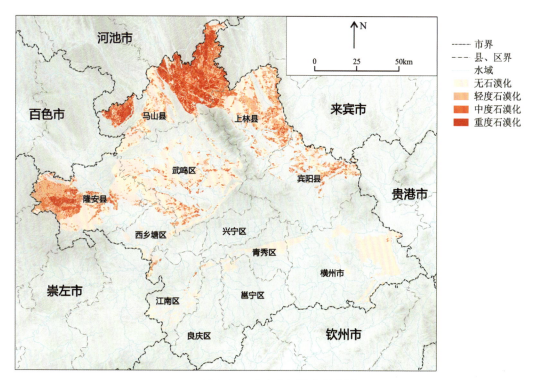

图2.13　南宁市石漠化分布图

第三节　矿山生态修复基础

一、以往矿山生态修复工作情况

自"十三五"矿山生态修复工作实施以来,在机制保障方面,加强组织领导,统筹推进。南宁市政府高度重视历史遗留废弃矿山生态修复工作,成立了由市长担任组长的历史遗留废弃矿山生态修复工作领导小组。领导小组负责统一领导、统筹推进南宁市历史遗留废弃矿山生态修复工作,有效贯彻落实国家和自治区相关工作部署,不定期对推进工作的重大事项进行研究和决策,加强对项目建设和资金使用管理的监督和指导,协调解决实施过程中遇到的重点和难点问题。

基础研究方面,积极开展核查,摸清家底。按照上级有关要求,南宁市自然资源局积极统筹各县(市、区)开展辖区内历史遗留废弃矿山核查工作,共上报自然资源部审核图斑2012个,面积约3280hm^2。编制了《南宁市市本级矿山地质环境保护与治理规划(2018—2025年)》,并完成对南宁市辖区内所有登记在册历史遗留废弃矿山的调查核实,全面掌握已关闭矿山地质环境现状。在通过实地核查并提出"一矿一策"修复建议的基础上,综合考虑历史遗留废弃矿山废弃土地开发利用、残余矿产资源回收、引入社会资本等激励政策,编制了《"十四五"南宁市废弃矿山生态修复方案》。按照上级部署,南宁市根据辖区内历史遗留废弃矿山核查成果,会同同级应急、生态环境等有关部门,组织专家或技术单位对具备自然恢复能力的历史遗留废弃矿山开展认定工作,完成自然恢复图斑认定447个,面积591hm^2,占全南宁市历史遗留废弃矿山图斑总面积的34%,已完成生态环境保护"一岗双责"目标任务。

实施成效方面,完成计划任务,效益凸显。2018—2022年,南宁市完成矿山治理恢复65座,完成恢复治理面积618.93hm^2,实现了1 074.2hm^{2}的环境整治提升,解决了59.6km左江、右江流域上游的生态问题,取得了较好的生态环境与社会经济效益。南宁市坚持流域山水林田湖草生态系统整体保护、系统修复、综合治理,推进20多个山水林田湖草生态保护修复工程项目顺利完工,用一个个鲜活的生态治理事例串联成一幅山水人城和谐相融新画卷。项目区部分地方矿山生态修复成果见图2.14~图2.17。

图2.14　南宁市武鸣区仙湖镇鸡啼山页岩矿自然恢复

图2.15　上林县镇圩乡古登拉某1号滑石矿生态重建

图2.16 横州市三合村龙塘黏土场生态修复为农用地

图2.17 明亮镇矿山转型利用修复为城镇建设用地

二、以往矿山修复取得的经验

1. 技术经验

"十三五"以来,经过长期在矿山生态修复领域的摸索和实践,南宁市政府在技术方面取得了一定经验,值得借鉴。在偏远区域、保护要求不高的矿山宜采用自然恢复方式;生态环境复杂、自然恢复效果不佳、涉及生态保护红线的矿山宜采用辅助再生生态修复方式;城镇周边、土地价值高矿山可采用转型利用生态修复方式;集中连片、生态破坏严重的矿山宜采用生态重建修复方式。另外,南宁市政府积极探索研究微生物快速结皮技术,专门解决高陡边坡、灰岩立面复绿难等代表性疑难问题。

2. 管理经验

在矿山修复工作开展过程中建立全过程管理机制。矿山生态修复的"123模式":"1"是统一组织协调,"2"是合同管理、信息管理,"3"是进度控制、质量控制、成本控制。

3. 筹措经验

在自然资源部发布的《自然资源部关于探索利用市场化方式推进矿山生态修复的意见》的指导下,自治区结合当地特点,将废弃矿区内部分建设用地恢复为耕地,参考增减挂钩交易方式来筹措资金。除此之外,修复过程中产生的多余废弃砂石料,通过政府平台出售筹措资金,再申请政府生态修复相关奖补资金,通过各个途径筹措资金,来完成历史遗留废弃矿山修复工作。

三、以往矿山修复存在问题

广西矿产资源丰富,矿产资源开发利用为广西的经济发展提供了基础资源,但一些早期矿山企业"重开发、轻治理",导致矿山关闭后遗留了大量未完成治理的废弃矿区。

2021年12月，广西完成了废弃矿山生态修复本底数据调查。根据调查成果，废弃矿山图斑总数为 25 620 个，共 38 928.08hm²。其中，历史遗留废弃矿山图斑 10 584 个，共 15 086.29hm²；有责任主体的废弃矿山图斑 4929 个，共 7 366.31hm²；其他情形废弃矿山图斑 10 107 个，共 1 647.55hm²。南宁市、百色市、桂林市和来宾市图斑数量较多，防城港市、北海市、河池市和贵港市图斑数量较少；从占比情况来看，贺州市、来宾市、柳州市和南宁市历史遗留废弃矿山图斑占比较高；从整体区位来看，广西历史遗留废弃矿山在桂南、桂北、桂中和桂西地区分布较多。

广西作为《"十四五"历史遗留废弃矿山生态修复行动计划》中南方丘陵山地带历史矿山生态修复的重要区域之一，着力开展各区域历史遗留废弃矿山生态修复重大工程。南宁市作为广西壮族自治区的首府，亦是国家"两屏三带"生态格局的重要组成部分，积极开展历史遗留废弃矿山生态修复工程。但在以下方面还需要加强提升。

1. 创新性待提升

目前南宁市废弃矿山生态修复技术创新性不足，在尊重自然、顺应自然、保护自然的前提下，修复方向在区域生物多样性和适宜性方面考虑不足，修复植被品种单一，修复区域未能与周边生态环境较好衔接，特别是灰岩高陡边坡矿山生态恢复技术适用性不强，虽复绿见效快，但后期需长期维护，持续投入成本高。

矿山生态修复技术针对性不强，传统的或是国家标准出台的修复方法造价高且效果不明显，对地方适用性不强，可复制性不高。尚停留在矿山地质环境综合治理阶段，需开展适合本土地区地质环境的生态修复新技术、新方法的研究和应用，形成适用性强、能解决实际问题、能在同类型地区推广复制的技术经验。

2. 示范性待凸显

近年来，南宁市积极抓住国家推进山水林田湖草沙生态保护修复和广西左江、右江流域（百色、崇左、南宁）被纳入第二批试点的机遇，成功争取中央、自治区资金实施隆安县宝塔新区点灯山生态修复综合治理项目，取得良好成效。但是由于历史遗留废弃矿山生态修复基数大，治理难度大，成效突出的矿山修复示范点不多，可产生的经济效益点不多，能够持续性提高区域生态环境的示范点不多，以点带面的示范效应尚未形成，需要覆盖面更广、更具有南方丘陵山地特征性、能实现生态系统性修复的示范工程带动全域矿山修复工作。

3. 参与性待加强

历史遗留废弃矿山修复属于生态环境领域治理内容，经济产出比低，投资回报率不高，社会资本投资潜力和创新动力不足，社会融资渠道较窄。历年来南宁市矿山生态修复以财政资金投入为主，但难以支持全市历史遗留废弃矿山生态修复全覆盖，且暂未形成生态环境保护与产业开发协同的生态修复模式。必须通过政策激励，结合乡村振兴、以工代赈、生态基建等热点，吸引各方投入，推行收益化运作、科学化治理的模式，加快推进矿山生态修复，解决资金筹措困难的问题。

第三章　南宁市废弃矿山生态修复的重要性

第一节　示范作用

一、工程背景

矿产资源是我国重要的自然资源,在国家发展的历史长河中,起到了不可替代的作用。然而,由于以往一些地方矿产资源的无序开采,以及未按要求闭坑,导致矿山及周边区域存在水源涵养功能下降、物种多样性降低、水土流失等突出的生态问题,并伴有山体滑坡、崩塌等地质灾害隐患。

为科学实施修复治理,恢复矿区生态系统功能,改善周边人居环境质量,促进美丽中国建设和高质量发展,《"十四五"历史遗留矿山生态修复行动计划》(自然资办发〔2022〕31号)提出了"我国历史遗留矿山多、生态修复任务重,需要集中力量、分区分类、科学有序实施修复治理"的要求。

与此同时,国家和地方政府相继出台了关于矿山生态修复的政策方针,例如《关于探索利用市场化方式推进矿山生态修复的意见》《关于支持开展历史遗留废弃矿山生态修复示范工程的通知》《关于加强矿产开发管控保护生态环境的决定》《关于鼓励和支持社会资本参与生态保护的意见》和《山东省矿山生态修复实施管理办法》《河北省矿山综合治理攻坚行动方案》《广西壮族自治区历史遗留矿山自然恢复技术指南(试行)》的通知等。根据生态文明建设总体框架,遵循政府主导、市场运作原则,通过理念转变和政策引导,鼓励社会资本参与矿山生态修复治理,采取系统化、科学化和标准化的治理模式,提高矿山生态修复能力,达到生态修复目标。

在此背景下,广西组织申报的《广西南方丘陵地带(南宁)历史遗留废弃矿山生态修复示范工程项目》在全国34个竞选项目中脱颖而出,以第3名的成绩成功入围,获中央财政资金支持3亿元。

1. 申报程序

(1)确定申请目标。由南宁市相关部门开展项目范围的调研和评估工作,确定需要申请国家级矿山生态修复项目的具体废弃矿山图斑,并以此作为申报项目的范围。

(2)编制申请方案。根据调研和评估结果,南宁市相关部门编制申请方案,包括项目的目标、范围、计划、预算等内容。

(3)提交申请材料。根据国家有关规定,南宁市将申请方案和相关资料提交至国家相关部门,申请国家级矿山生态修复项目。

(4)审核申请方案。国家相关部门对南宁市的申请进行审核和评审,包括对申请方案的合理性、可行性和预算的合理性进行评估。

(5)批准和资金拨付。经过审核和评审后,国家相关部门对南宁市的申请进行批准,并按阶段拨付相应的资金用于南宁废弃矿山的生态修复工作。

2. 项目内容

南宁市国家级废弃矿山生态修复项目包括以下几大特色。

1)建立喀斯特石漠化地区废弃矿山生态修复固碳增汇技术体系

该技术体系遵循自然恢复为主,人工干预为辅的原则,通过优化土地利用方式,采取矿山修复生态治理与新能源资源开发的互馈机制,实现矿山在碳中和背景下可持续能源减排和生态固碳增汇。

(1)经济方面,为生态修复提供扎实的经济支持。首先,通过优化土地利用方式,合理规划矿山废弃地的利用方向,使其能够在生态修复的同时实现经济效益;其次,采取矿山修复生态治理与新能源资源开发的互馈机制,通过生态修复来促进新能源资源的开发,实现反哺生态修复的目的。

(2)措施方面,为生态修复提供多元化技术支撑。首先,进行土壤修复和植被恢复,通过引入适宜的植物物种和改良土壤结构,恢复土地的水土保持能力和生态功能;其次,注重水资源的合理利用和监管,通过建设水源涵养区、水土保持设施等,改善矿山地区的水文环境,保障植被的生长和生态系统的健康发展。此外,还可以利用生物技术手段,如微生物修复技术、植物固碳技术等,加速矿山地区的生态恢复进程。

(3)固碳方面,实现碳中和背景下的可持续能源减排和生态固碳增汇。通过引入新能源资源开发,减少传统能源的使用,从而降低碳排放;同时,结合新能源开发为生态修复提供经济支持,形成良性循环,如在矿山废弃地上建设光伏、风电电站,既可以利用废弃地的土地资源,又可以为生态修复提供资金来源。

总之,建立喀斯特石漠化地区废弃矿山生态修复固碳增汇技术体系是一项综合性的工程,需要政府、企业和科研机构的通力合作。这将为喀斯特石漠化地区的生态恢复和经济发展提供可持续的解决方案,实现绿色发展和生态文明建设的目标。

2)创新南方石山地区矿山废弃地综合修复利用典型模式

充分利用矿山废弃地坡度25°以下区域盘活废弃矿山土地资源,坡度25°以上空间区域实施农光互补,实现"矿山生态修复+土地资源盘活+生态农业+光伏风电"综合修复利用典型模式,优化调整产业结构和用地布局,为边疆民族地区的高质量发展奠定坚实的基础。

(1)该典型模式的核心思想是将矿山废弃地分为坡度25°以下区域和坡度25°以上空间区域,并针对不同区域实施不同的利用方案。在坡度25°以下的区域,通过盘活废弃矿山土地资源,进行矿山生态修复。这一过程包括土壤修复、植被恢复和水资源管理等,从而恢复土地的生态功能和水土保持能力。同时,可以将修复后的土地资源积极融入生态农业发展中,助力农业产业结构优化和增加农民收入。此外,还可以在废弃地上建设光伏和风电设施,利用绿色能源的开发为矿山生态修复提供经济支持。

(2)在坡度25°以上的空间区域,实施农光互补模式,即在不影响农业耕作的前提下,在农田上方安装光伏板,实现农业和光伏发电和谐共生。这一模式不仅有效利用农田空间,还为光伏发电提供良好的条件。同时,通过农田的遮阳作用降低光伏电站的温度,进一步提高光伏发电效率。农光互补模式不仅可以增加农民的收入,还推动了地区清洁能源的发展,减少对传统能源的依赖。

(3)通过实施"矿山生态修复+土地资源盘活+生态农业+光伏风电"综合修复利用典型模式在多方面产生效益。首先,矿山废弃地的综合利用可以有效地恢复土地的生态功能,改善环境质量,提高生态系统的稳定性和生态服务功能。其次,充分利用废弃矿山土地资源,推动农业的发展,促进农民收入的增加,实现农业产业结构的优化和农村经济的可持续发展。同时,光伏和风电的开发为地区提供清洁能源,减少对传统能源的依赖,降低碳排放,推动绿色低碳经济的发展。

(4)该典型模式还促进了产业结构和用地布局的优化调整。通过矿山废弃地的综合利用有效地改善地区的土地利用结构,提高土地资源的利用效率,促进产业结构的优化和转型升级。光伏和风电的开发也能优化用地布局,提高土地的利用效率,实现土地资源的集约利用。

综上所述,创新南方石山地区矿山废弃地综合修复利用典型模式是一项具有重要意义的工作。通过充分利用废弃矿山土地资源,实施矿山生态修复、生态农业和光伏风电发展,可以实现生态修复、土地资源盘活、农业发展和可持续能源开发的多重效益。这将为南方石山地区的高质量发展提供坚实基础,推动经济社会的可持续发展。

3)探索社会资本参与生态修复南宁模式

以矿山生态问题为导向,引入社会资本参与生态修复,探索"矿山修复+光伏风电资源开发"模式,破解资金难题,促进生态环境资源化、产业经济绿色化,实现"绿水青山"向"金山银山"的有机转化。

(1)该模式的关键是引入社会资本参与矿山生态修复。社会资本具有丰富的资金和技术资源,可提供更多的资金支持和技术支持,为矿山生态修复提供必要条件。通过与社会资本合作,政府可以将矿山生态修复的责任和风险与社会资本共担,实现资源共享和风险共担,从而缓解政府的财政压力,提高生态修复的效率和质量。

(2)该模式探索了"矿山修复+光伏风电资源开发"模式。在矿山生态修复的过程中,通过在矿山废弃地上建设光伏和风电设施,实现资源的再利用和能源的开发。一方面可以为矿山生态修复提供经济支持;另一方面也可以为地区提供清洁能源,减少对传统能源的依赖,促进绿色低碳发展。光伏和风电资源利用开发为社会资本提供投资回报,激发了社会资本参与矿山生态修复的积极性。

(3)通过探索社会资本参与生态修复南宁模式,实现多方面的效益。首先,社会资本的参与可以解决矿山生态修复所面临的资金难题,提高生态修复的效率和质量;其次,光伏风电资源的开发为地区提供清洁能源,降低碳排放,推动绿色低碳经济的发展。同时,该模式还促进产业经济的绿色化转型,推动地区经济的可持续发展;最重要的是生态修复可以改善生态环境质量,提高生态系统的稳定性和提升生态服务功能。

然而,要实现社会资本参与生态修复南宁模式,还需要克服一些挑战。首先,需要建立健全的政策法规和管理机制,明确社会资本的参与条件和权益保护,为社会资本提供良好的投资环境;其次,需要加强社会资本的引导和培育,提高社会资本对生态修复的认知和理解,促进社会资本对生态修复的积极参与;最后,还需要加强监督和评估,确保社会资本参与生态修复的合法性和效果。

总之,探索社会资本参与生态修复南宁模式是一项具有重要意义的工作。通过引入社会资本参与矿山生态修复,探索"矿山修复+光伏风电资源开发"模式,可以破解资金难题,促进生态环境资源化和产业经济的绿色化,实现从"绿水青山"向"金山银山"的有机转化。然而,该模式的成功实现,还需要政府、社会资本和相关部门的共同努力,建立健全政策法规和管理机制,加强社会资本的引导和培育,加强监督和评估,方能实现生态修复和经济发展的良性互动,实现可持续发展的目标。

二、项目意义

1. 项目实施的必要性

南宁作为一个快速发展的城市,矿产资源的开采和利用对经济发展起到了重要的支撑作用。从南宁市废弃矿山现状方面看,南宁市现存未治理历史遗留矿山 17.29 km^2,矿山修复基数大。由于南宁地处喀斯特地区,生态敏感脆弱,加之矿山开采加剧水土流失、石漠化,区域生态系统服务功能下降,具体表现为矿山地质安全问题严峻、地形地貌破坏严重、土地损毁严重,生态廊道系统性与连通性遭到破坏、植被退化和生物多样性降低,这已成为南宁市高质量发展过程中十分突出的短板弱项。开展本项目是落实国家"双重"规划的必要举措,也是治理区域石漠化、提升区域水土保持功能、保护喀斯特岩溶区生物多样性的必要手段。同时,从可持续发展道路上,南宁市通过矿山生态修复,可以实现矿业的可持续发展,有效平衡经济增长和环境保护的关系。

1)落实国家"双重"规划,筑牢我国南方重要生态屏障

"双重"规划是党的十九大后生态保护和修复领域第一个综合性规划,其围绕全面提升国家生态安全屏障质量、促进生态系统良性循环和永续利用的总目标,以统筹山水林田湖草一体化保护和修复为主线,明确了到 2035 年全国生态保护和修复的主要目标。南宁市位于"双重"规划"三区四带"生态格局中"南方丘陵山地带"的核心区域(图 3.1),马山县、上林县、宾阳县三县纳入红水河水土流失及石漠化综合治理项目,武鸣区、隆安县纳入左右江水土流失及石漠化综合治理项目。

南宁市石灰岩露天开采造成矿区地表植被破坏、地貌景观损毁,致使动植物栖息地破碎,加重了区域性水土流失。部分矿山水土污染问题突出,流域性地下水污染防治形势严峻,水源涵养、生物多样性维护功能降低,生态系统退化。南宁市历史遗留废弃矿山生态修复工程紧紧围绕"双重"规划中南方丘陵山地带重要生态屏障功能和矿山生态修复的定位,通过实施

综合治理,减少水土流失,加强地下水系统保护,提高矿区水土保持和水源涵养功能,将极大地保护与修复南方丘陵山地带的生态环境条件,筑牢我国南方的重要生态屏障,是落实"双重"规划的必要举措。

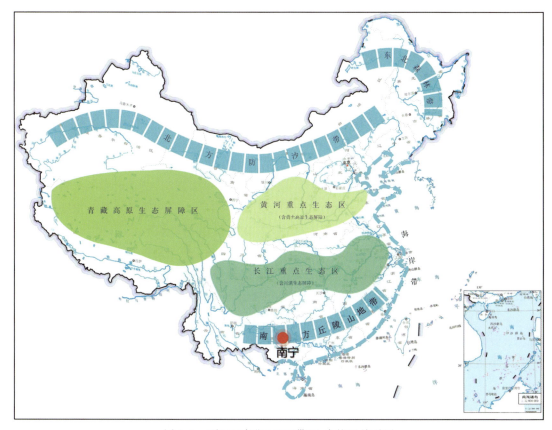

图 3.1　项目区与"三区四带"生态格局关系图

2)消除地质灾害安全隐患,保障群众生命财产安全

本区域历史遗留废弃矿山地质安全灾害隐患众多,分布广泛,且潜在危害大。矿坑周围堆积的大量废石废渣,极易受到岩石破碎的影响,特别是在雨水的冲刷之下,边坡上部风化破碎的岩石会引发各种各样的崩塌危害,对居民的生命安全造成严重威胁。据调查,项目区地质环境安全问题主要为崩塌(含危岩)、滑坡和塌陷,约占项目区总面积的 17.44%。其中,露天矿山废弃坑最大深度约为 50m,高陡边坡矿山多达 370 余处,其最大坡陡近乎垂直,坡面遍布危岩,给周边居民生活生产及道路安全带来威胁。根据统计,项目区地质环境安全问题影响 14 万人口。因此,废弃矿山地质灾害防治关乎人民群众生命财产安全,更是实现人民追求美好生活的必要条件。通过实施历史遗留废弃矿山生态修复示范工程项目,提高植被覆盖率,可以有效减少泥石流、山体滑坡等灾害的发生,为长期生活在矿山周围的居民提供更安全的生存环境。

3)强化水土流失和喀斯特石漠化综合治理,提升水源涵养能力

南宁市横跨西南喀斯特土壤保持重要生态功能区,为西江上游水源涵养与水土保持重要

生态功能区,且位于珠江流域主流西江水系上游,是邕江与红水河下游的分水岭、左右江汇水区,是珠江流域的重要水源涵养地和水土保持功能区,生态地位十分重要。据统计,项目区内水土流失面积约为 213.86hm^2,其中红水河下游矿区以露天开采为主,占项目区总面积的 87.84%;石漠化总面积高达 300.91hm^2,占项目区总面积的 27.3%,其中轻度石漠化面积为 130.16hm^2,中度石漠化面积 132.11hm^2,重度石漠化面积为 38.64hm^2,中度及重度石漠化占石漠化总面积的 56.7%,石漠化趋势严重。

4)促进矿山废弃地再利用,保障粮食安全,促进社会经济高质量发展

在受资源环境承载能力约束、耕地保护力度加大的背景下,南宁市用地矛盾突出,南宁市耕地占补的压力持续增大,亟须提高发展质量和用地效益。南宁市的矿山数量众多,矿山的土地占用与破坏问题不容忽视,体现在采矿场、工业场地、矿山修路等施工,废石弃渣、尾矿排放等堆砌,以及由采矿工程活动引发的崩塌、滑坡、地面塌陷、地裂缝、泥石流等灾害造成的土地占用和破坏各方面,对土地资源可持续利用造成巨大的负面影响,使土地潜能未得到释放。根据前期调查,项目区 640 块历史遗留废弃矿山图斑中,有 502 块涉及土地资源损毁问题,占比达 78.44%,主要以林草地、耕地损毁为主,损毁总面积达 212.87hm^2,占项目区总面积的 19.34%,其中林地(含灌木林地)130.29hm^2,耕地 82.58hm^2,按当地平均种植水平,导致每年粮食减产大约 4.1×10^5kg,相当于 980 多人的年粮食占有量,废弃矿山土地资源损毁情况严重,浪费巨大。《国务院关于促进节约集约用地的通知》及自然资源部《节约集约利用土地规定》在早期就明确规定了要"全面落实节约集约用地责任""创新节约集约用地新模式",因此盘活利用历史遗留废弃矿山占用的土地资源尤为重要。本项目通过实施矿山地质安全问题治理、地形地貌重塑和土地复垦等措施,保障人民群众生命安全,有效增加耕地数量,提升耕地质量,改善耕地生态,使土地资源得到合理利用,有助于提升土地资源储量,保护南宁市宝贵的耕地保有量,提高土地资源利用率、土地产出率、劳作规模量,推进当地绿色产业开发,有效地促进农业产业结构的调整和农村产业链的升级,带动农村经济发展,对当地生态经济产业的发展起到巨大推动作用。因此,南宁市历史遗留废弃矿山生态修复工程的实施是促进土地资源可持续利用的必要举措。

5)改善人居环境,全面建成生态宜居城市,实现人与自然和谐共生

积极响应党的二十大报告提出的绿色发展理念,大自然是人类赖以生存发展的基本条件,尊重自然、顺应自然、保护自然是全面建设社会主义现代化国家的内在要求,要推动绿色发展,促进人与自然和谐共生,这是对生态文明建设的新要求和新谋划。《广西壮族自治区国民经济和社会发展第十四个五年规划和 2035 年远景目标纲要》明确提出,"十四五"时期,南宁市生态宜居水平明显提升,擦亮"中国绿城"品牌;展望 2035 年,南宁市具有浓郁壮乡特色和亚热带风情的生态宜居城市全面建成。近年来,南宁坚持生态立市战略,致力于建设生态宜居、环境优美、可持续发展的现代和谐城市,并先后荣获"国家生态园林城市""美丽山水城市""全国绿化模范城市""联合国人居奖""全国文明城市""第六届中华宝钢环境奖"等荣誉。然而,历史遗留废弃矿山周边生态系统的矛盾与问题,仍有待进一步解决。必须牢固树立和坚定践行"绿水青山就是金山银山"的理念,站在人与自然和谐共生的高度促生态、谋发展。本项目将通过保护保育、自然恢复、辅助再生、生态重塑等措施,在很大程度上改善人与自然

之间的矛盾,改善人居环境,承载着"绿水青山就是金山银山"的发展理念,是助力生态宜居南宁建设、实现人与自然和谐共处的必要举措。

2. 项目实施的重要性

1) 贯彻落实习近平总书记"广西生态优势金不换"指示精神

党的十八大以来,习近平总书记多次到广西考察,总书记高度重视广西社会经济发展和生态文明建设,重视绿色发展与健康可持续发展,强调广西要守好发展和生态两条底线,写好"绿水青山就是金山银山"的大文章。

2017年4月,总书记在广西考察时称赞"广西生态优势金不换",并强调要坚持把节约优先、保护优先、自然恢复作为基本方针,把人与自然和谐相处作为基本目标。2021年4月,总书记再次来到广西考察并强调,"最糟糕的就是采石,毁掉一座山就永远少了这样一座山""要坚持山水林田湖草沙系统治理,坚持正确的生态观、发展观,敬畏自然、顺应自然、保护自然,上下同心、齐抓共管,把保持山水生态的原真性和完整性作为一项重要工作,深入推进生态修复和环境污染治理,杜绝滥采乱挖,推动流域生态环境持续改善、生态系统持续优化、整体功能持续提升"。

实施南宁市历史遗留废弃矿山生态修复,是学习贯彻习近平生态文明思想的重要举措,同时也是建设"山清水秀生态美"壮美广西的必要手段。加强生态环境保护和建设,完善生态环境保护与治理体制机制,将有效推动区域生态环境持续改善、生态系统持续优化、整体功能持续提升。

2) 面向东盟展示我国生态文明建设成果

南宁市是面向东盟开放合作的区域性国际大都市、"一带一路"有机衔接重要门户枢纽城市、北部湾城市群与粤港澳大湾区融合发展核心城市,区位、生态、交通等优势明显,是中国-东盟博览会永久举办地,是中国(广西)自由贸易试验区南宁片区、面向东盟的金融开放门户南宁核心区、中国-东盟信息港南宁核心基地、西部陆海新通道重要节点城市、陆港型国家物流枢纽、南宁临空经济示范区等一批国家重大战略平台等一系列政策承接区。随着《区域全面经济伙伴关系协定》(RCEP)的正式签署,中国-东盟关系进入全方位发展新阶段,南宁在国家构建新发展格局中的战略地位更加凸显。"中国绿城"南宁是建设"一带一路"、树立大国形象、展示和扩大我国生态文明建设在东盟影响力的重要窗口(图3.2)。

广西在2019年提出了"强首府"战略,该战略是服务中国与东盟开放合作、深度融入"一带一路"建设的重大举措,是加快建设壮美广西的重要举措,是打造引领全区高质量发展核心增长极的关键举措。战略始终强调要"积极发展绿色经济,大力发展绿色产业""加快发展风能、生物质能等清洁能源和可替代能源产业"。作为广西的首府城市,南宁要建成具有浓郁壮乡特色和亚热带风情的生态宜居城市,开展南宁市历史遗留废弃矿山生态修复,在提升生态环境和谐性的同时,废弃矿山土地资源价值得到释放,也将为促进生态与经济共同发展的良性循环开辟重要路径。

除此之外,起于南宁横州市的平陆运河是融入共建"一带一路"、西部陆海新通道、交通强国、新时代西部大开发等国家战略的重大牵引工程。南宁市历史遗留废弃矿山的治理,将赋

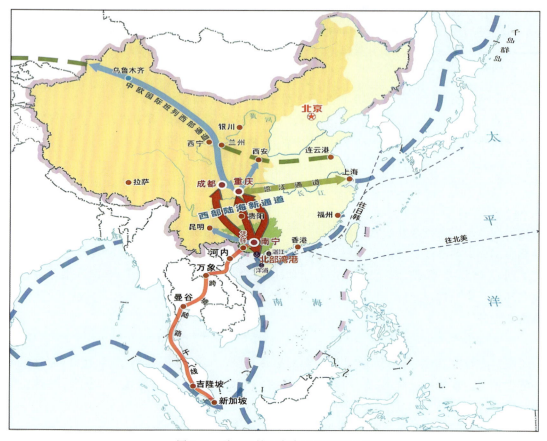

图 3.2 项目区是面向东盟的重要窗口

能"茉莉花之乡"横州市的绿色价值转化,提升横州生态地位,辐射平陆运河的生态廊道建设,保护平陆运河沿线的生物多样性,更好实现平陆运河"河畅、水清、鱼翔、岸绿、景美、低碳"的世界级高水平的生态绿色运河目标。

3)维护粤港澳大湾区水生态安全

水是粤港澳大湾区发展的重要支撑和连接纽带,大湾区水安全保障事关区域防洪(潮)安全、供水安全、生态安全、粮食安全和经济安全。南宁市位于珠江流域西江水系上游,是珠江流域的重要水源涵养地和水土保持功能区,受南宁市影响的郁江南宁断面、红水河下游断面多年平均径流量合计 1175 亿 m^3,占西江多年平均径流量(2240 亿 m^3)的 52.45%,保护和修复南宁市生态环境,对维护大湾区水生态安全具有重要影响。南宁市地理方位与珠江水域关系如图 3.3 所示。随着粤港澳大湾区建设、珠江-西江经济带、北部湾城市群等国家区域战略相继实施,强化流域综合管理,坚持系统观念,协调好上下游、左右岸、干支流的关系,统筹抓好流域水资源管理与节约保护、河湖水域岸线管理、水土保持等各项工作,是把大湾区建设为世界一流湾区的内在要求。

南宁历史遗留矿区形成大的采坑使区域内生态系统失去连续性、稳定性,植被覆盖被破坏,大量基岩裸露造成水土流失;部分矿山开采形成的采空区、排土场等对地形地貌造成严重

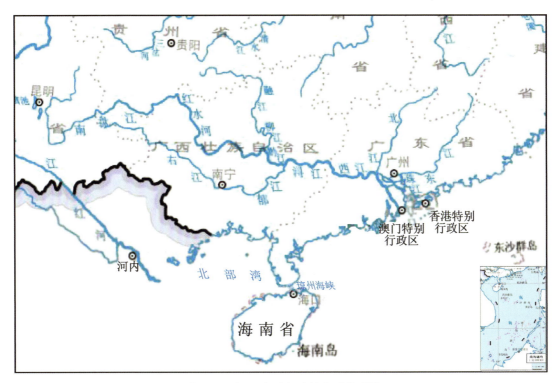

图 3.3 项目区与珠江流域水系关系图

破坏,部分形成近乎垂直的高陡边坡,岩石破碎,边坡稳定性差;尾矿、废石、废渣的堆放占用大量耕地资源,矿渣在地表径流的作用下,不但产生一定量的水土流失,进入水体后还会增加水体的浑浊度,甚至造成河道淤积,影响下游水生态系统健康安全。实施南宁市历史遗留废弃矿山生态修复,对增强水源涵养能力、提升水土保持功能、维系珠江西江流域水质水量具有重要作用。

4）助力边疆民族地区乡村振兴

党的二十大期间,习近平总书记在参加广西代表团讨论时,鼓励广西"在推动边疆民族地区高质量发展上展现更大作为",为广西壮族自治区奋力开创新时代壮美广西建设新局面提供了战略指引。当前,广西总体上仍是欠发达地区,面临着做大总量、做优质量的双重艰巨任务。近年来随着生态文明建设成为国家重要发展战略,民众生态保护理念逐渐加强,项目区生态环境条件逐渐向好,但历史上受发展条件限制,矿产资源开发利用在促进南宁经济发展的同时,也给南宁带来了一系列矿山生态环境问题,区域内生态系统失去连续性、稳定性,给当地群众生产生活及发展带来了负面影响。

通过本项目的实施,有效修复矿区周边生态环境,消除矿区潜在地质环境问题,消除对地形的破坏,同时通过土地复垦、转型利用等,盘活矿区闲置和低效利用的各类自然资源,增加耕地数量,提高土地节约集约利用水平,实现生态效益、社会效益和经济效益的协调统一,在很大程度上改善人与自然之间的矛盾,改善项目区人居环境,实现人与自然和谐共生,助力生态宜居南宁建设,同时让废弃矿山变废为宝,提升区域生态环境容量,推动区域经济绿色发展,保障地方经济的可持续发展,巩固拓展脱贫攻坚成果,助力乡村振兴战略实施,扎实推动了边疆民族地区高质量发展。

5) 推进碳达峰、碳中和目标实现

党的二十大报告明确提出,积极稳妥推进碳达峰、碳中和。这是以习近平同志为核心的党中央坚持以人民为中心、破解资源环境约束突出问题、实现人与自然和谐共生的现代化所作出的重大战略部署。

矿山生态修复与碳中和在本质上均属于生态文明建设的重要手段,具有目标一致性,二者协同推进生产、生活方式改变和对生态文明的认知。首先,矿山生态修复通过优化土地利用格局,恢复森林植被覆盖,扩大林草资源总量,提升耕地数量和质量,稳步提升巩固生态系统的碳汇能力,实现固碳增汇。其次,以自然恢复为主,辅以适度人工干预,合理选择修复方式,减少工程投入,实现过程碳减排。我国光能、风能等新能源产业与废弃矿山在地理位置上高度契合,可以充分利用矿山废弃地发展新能源产业。本项目将适合转型利用的废弃矿山土地,引入光伏、风能等新能源产业,促进本地绿色能源产业升级,推进能源结构多元化进程,助力碳达峰、碳中和目标的实现。

三、亮点工程

1. 南宁园博园废弃矿山生态修复遗弃矿坑"重获新生"

1) 南宁园博园废弃矿山生态修复背景

南宁市矿山早期开采方式粗放,90%以上的矿山为露天开采,遗留的矿坑多达300多个,严重破坏地形地貌,造成高陡边坡,稳定性差。经勘察,崖壁最大高程达到105.47m,最大高差达42.80m,崖壁长度最长达907m,这些矿坑存在滑坡和泥石流等地质安全隐患,极易诱发地质灾害。南宁园博园废弃矿山生态修复项目前身为露天采石场,开采前现状地类以林地为主,南宁园博园分布着14处由露天采石场遗留下的露天废弃矿坑,形成大量"生态疤痕",土地利用效率低,南宁市园博园矿坑分布平面如图3.4所示,同时园博园地处喀斯特地区,土层浅薄,生态脆弱,早期无序开采造成石漠化加剧等原因,导致历史遗留废弃矿山问题突出、生态修复难度大,并由于开采方式粗放,矿山露天开采导致地形地貌、植被破坏、山体破损、表土裸露,岩石风化的现象随处可见,与周边自然环境极不协调,存在地质安全隐患。早期开采污染了地下水,破坏了含水层结构稳定性,引起地下水位和矿山地质环境的改变,水体无法达到循环状态。矿坑水位不断上升,导致难以提供有效的水文数据作为矿山生态修复的数据支撑。经多次监测,矿坑内部最大现状水位地面已达高程71.78m,且仍持续上升。南宁园博园废弃矿山生态修复项目秉持"不推山,不填湖,保留现状植被"等低影响开发的设计理念,实施近自然生态修复,以"自然恢复为主,人工修复为辅"的修复方式,针对每个矿坑特色定制改造,充分利用矿坑周边遗留的废旧采石设备,展示采矿业发展变迁的历史印迹,保留原有自然山水原貌达43.4%。

第三章　南宁市废弃矿山生态修复的重要性

图 3.4　矿坑花园总平面图

为了实现"两山转化"的目标,南宁市紧抓"迎接 2018 年广西壮族自治区成立 60 周年"的机遇,以园博园承办"第十二届中国国际园林博览会"为契机,将顶蛳山公园遗址现存的 16 个废弃矿坑纳入园博园建设范围,总面积约 525 亩,总投资约 9823 万元。根据矿坑的空间分布和功能分区,将 16 个矿坑划分为 6 个矿区,打造了独具特色的矿坑花园,使遗弃矿坑"重获新生"。南宁市园博园废弃矿山现状、落霞池修复前后对比图、飞瀑湖修护前后对比图及水花园修复前后对比图如图 3.5~图 3.9 所示。

图 3.5　废弃矿坑场地现状

图 3.6　落霞池修复前后

图 3.7　飞瀑湖修复前后

图 3.8　水花园修复前

图 3.9　水花园修复后

2）南宁园博园废弃矿山生态修复措施

低影响开展生态修复。发挥废弃采石场特色鲜明的地貌肌理优势；挖掘凹陷矿坑形成四面围合或者局部围合的独特空间所具有的潜在景观和休憩价值；利用矿坑自然降水充沛、自然恢复的植被丰富等有利条件，通过保护、保留、修整、修复等策略，以最小的工程呈现最自然的修复效果。

针对矿坑特色定制改造。积极响应生态文明、城市双修的国家战略，坚持因地制宜、变废为宝的规划设计理念，在充分利用现状矿坑崖壁、峡谷、深潭、工业遗迹、自然恢复的植被系统等景观资源基础上，使矿坑花园既要留有痕迹，有沧桑感，又能注入新的功能与活力，最后形成主题鲜明、特色明确的矿坑花园。

清理矿坑碎石，修整稳固崖壁，保留矿坑山水风貌。一是采取人工干预结合自然演替的植被恢复手段；二是结合现状条件和原始工业遗迹，适当增设人工构筑设施，不破坏矿坑的原始风貌，传承记忆；三是通过恰当的"介入"使大小不一、高度不同的平台、栈道、廊架与场地环境相融合，构建丰富、安全、惊险、刺激的多种游览场景，切实提升吸引力，以最小的干预手段提供了更多样的游览体验，彰显多重主体的矿坑花园魅力。矿坑花园以6个不同类型的矿坑作为艺术、生态、旅游等多重体验的载体，其设计结合本地特色，赋予每个矿坑独特气质。游人进入矿坑花园，依次体验到险峻屹然的峻崖潭，展现亚热带丛林和瀑布景观的飞瀑湖，展示工业记忆和园艺花卉的台地园和自然岩石、岩石植物景观的岩石园等，感受自然野趣、欣赏悬崖。

融入文化和教育功能，保护并传承采矿业文化遗产。保留矿坑周边遗留的锈迹斑斑的料仓、破碎机、传送带等全套采石设备，作为人类采矿业历史和破坏环境的见证。生机勃勃的植物与锈迹斑斑的机械形成有趣的对比，展示采矿业发展变迁的历史印迹，达到延续场地采矿记忆、保护和传承采矿业文化遗产的目的。设置契合园博会主题的科普展示体系，提取本土文化要素融入景观环境设计，创造独具特色的矿坑生态修复文化，让游客切实感受到生态环境受损对人类生存的威胁与影响，引发游客对生态环境保护的关注与思考，并得到直观、深刻的体验和教育。

坚持政策助推，发挥辐射和示范作用。南宁园博园建设和废弃矿山生态修复项目与南宁城市布局、民生基础设施建设、旅游开发等工作统筹结合，充分发挥政策优势。一是推动废弃矿山生态修复利用的同时，完善景区周边配套设施，合理布局城市建设用地。通过废弃矿山生态修复与周边发展同步合理规划，利用辐射效应带动周边城镇乡村发展，形成山水林田湖草沙一体化保护修复与城乡生态文明发展的良性循环。二是通过废弃矿山生态修复的新理念、新探索，为后续矿山生态修复实践积累经验，起到示范作用。

3）南宁园博园废弃矿山生态修复成效

南宁园博园矿坑花园是南宁市贯彻习近平生态文明思想的具体实践，是"绿水青山就是金山银山"科学论断的现实体现。

修复生态系统，营造南宁园博园生态氛围。南宁园博园矿坑花园矿坑植被恢复、水体修复后吸引了白鹭、斑鸠、翠鸟等动物过来繁衍生息,大大丰富了生物多样性。废弃矿坑恢复了生机,成为南宁市山水田园旅游开发的新亮点,形成国内独具特色的矿坑生态修复示范园,也成为环境保护教育和科普研学的最佳载体,取得了良好的生态效益、社会效益和经济效益。

完善城市设施,提升绿城品质。南宁园博园矿坑花园建设成为永久性公园,也是南宁人花红柳绿的生态"后花园",使南宁城市基础设施不断完善,同时也促进顶蛳山公园周边城市基础设施和配套服务设施的加快建设,并以"园"带"区"辐射全南宁,促进南宁城市基础设施的进一步升级完善,提升了绿城南宁的城市品质。

带动周边发展,发挥片区经济效益。南宁市以园博园建设为契机,充分挖掘南宁城市特色生态优势,积极探索旅游产业发展模式,并吸引外来投资商投资,培育了区域旅游、现代服务业等新产业和新经济增长点,将餐饮、住宿的接待能力和档次提升到一个新的水准,推动了南宁旅游产业的升级,也促进了周边地块升值,促使南宁向"商贸、旅游、服务"等多功能、多支点的"城市型经济"转型。

增强民众生态保护意识。项目通过实施废弃矿山生态修复,并保留部分矿区矿业遗址,同时开展生态体验、环境保护教育等,充分保护和传承了矿区历史文化,增强了游客对保护生态环境的认识和意识。

总的来说,南宁园博园矿坑生态修复项目是一个充分利用矿坑花园生态优势的项目。该项目以园区为核心,辐射整个南宁市,推动了南宁城市基础设施的进一步升级和完善。通过矿坑的生态修复和转型,该项目不仅为南宁带来了可持续发展的经济效益,还培育了区域旅游、现代服务业等新的产业和经济增长点,进一步推动了南宁旅游产业的升级,整体提升了南宁作为绿城的城市品质。

2. 南宁市隆安县宝塔新区废弃矿山"生态疮疤"蝶变"生态公园"

为深入贯彻落实习近平生态文明思想,统筹做好山水林田湖草沙的保护和修复,南宁市自然资源局积极开展废弃矿山生态修复工作。其中,隆安县宝塔新区点灯山生态修复综合治理项目经过近三年的建设,实现了"生态疮疤"蝶变"生态公园"。隆安县宝塔新区点灯山原为采石场,山体由于多年开采而形成多处陡峭的临空面,植被破坏较严重,存在多处不稳定岩体,不时发生小型岩石崩塌,稳定性极差。而仅一条街道相隔的,就是隆安县震东扶贫生态移民与城镇化结合示范工程,规划安置移民共 19 143 户 76 570 人。因此,废弃矿山修复任务紧迫。

为保障周边安置群众的生命财产安全,推进隆安县震东扶贫生态移民与城镇化结合示范工程建设,有效缓解市县二级财政压力,南宁市自然资源局紧紧抓住国家推进山水林田湖草沙生态保护修复和广西左右江流域(百色、崇左、南宁)被纳入第二批试点的机遇,积极会同市生态环境局、市财政局成功争取中央资金 1061 万元、自治区资金 600 万元投入隆安县宝塔新区点灯山生态修复综合治理项目,治理修复面积约 9500 m^2。

为用足用好上级资金,南宁市自然资源局坚持"保护优先、自然恢复为主"的方针,分三步走战略。一是聚焦群众需要,明确修复方向。周边安置群众 76 570 人,但缺少休闲活动场所。

按照废弃矿山生态修复"宜建则建"的原则,经充分论证,结合隆安县开发利用的需要,在开展地质环境恢复治理的同时,兼顾生态修复,修复后场所供附近居民休闲娱乐。二是有序开展地质环境恢复治理,消除地质灾害隐患。根据现场核实情况,采取危岩体(带)清除和加固措施,完成危岩体(带)治理总规模约 6309m³,危岩体(带)静态修复(包括临时防护及废方运输)约 21 350m³,填土方 32 025m³。三是开展生态修复,打造生态生活空间。结合项目区山体凹凸不平的特点,因地制宜,采取土壤改良、种植多样植物种类等措施进行生态修复,并打造登山步道、山体挂网种植攀岩植物、设置景观矮墙、局部开挖排水沟等措施打造生态生活空间,共计植被绿化面积 4282m³,修复绿化面积 43 852m³。

隆安县宝塔新区的生态修复工作通过采取多种措施,解决了矿区存在的安全隐患。针对危岩、坡面失稳等问题,进行了必要的工程措施,确保了矿区的安全稳定。同时,通过植被恢复和土地整治等措施,有效改善了矿区的生态环境,使其逐渐恢复为一个充满生机和美丽景观的公园。这个修复项目的实施不仅仅解决了矿区的安全问题,还产生了显著的社会效益。通过将废弃的采石场转变为休闲健身公园,为周边居民提供了一个优美的休闲场所。这不仅改善了周边居民的生产生活环境,提升了居民的生活质量,还增加了居民的娱乐和健身选择,对提升周边居民的生态宜居幸福感具有重要意义。宝塔山采石场生态修复前后的对比情况如图 3.10 和图 3.11 所示。修复后的矿区呈现出绿意盎然的景象,植被茂盛,水体清澈,环境得到了明显地改善。这组对比图直观地展示了生态修复工作的成果,也为后续的类似项目提供了有益的经验和参考。

图 3.10　宝塔山采石场修复前

图 3.11 宝塔山采石场修复后

第二节 修复可行性分析

一、技术可行性

南宁市废弃矿山生态修复项目前期工作开展扎实，技术路线清晰。南宁市 2017 年组织编制了《南宁市市本级矿山地质环境保护与治理规划（2018—2025 年）》，2020 年 5 月完成全市矿山地质环境现状调查，2020 年 12 月按"一矿一策"原则编制了《南宁市矿山地质环境生态修复方案》，2021 年完成了南宁市历史遗留废弃矿山阶段核查工作。

为保证南宁市历史遗留废弃矿山生态修复示范工程项目部署合理，技术切实可行，规划能够顺利实施，南宁市率先启动了市级项目库中多个子项目的可行性研究和规划研究工作，从现状调查、工程设计、经费预算、组织实施等方面为本项目实施提供了科学依据，并根据《重点生态保护修复治理资金管理办法》（财资环〔2021〕100 号）、《财政部办公厅自然资源部办公厅关于组织申报 2023 年历史遗留废弃矿山生态修复示范工程项目的通知》（财办资环〔2023〕1 号）要求筛查了负面清单。

在技术路线方面，按照系统性、整体性、多样性的要求，一是秉承山上山下同治、上游下游同治的理念，根据完整地理单元内的突出生态环境问题，设置子项目。二是立足自然地理格局和自然条件，根据矿区生态系统受损程度和恢复力等，因地制宜地选择适宜的修复方式。三是对典型历史遗留废弃矿山点，按针对问题、工程内容、技术应用、代表性矿山工程布局等方面打造历史遗留废弃矿山生态修复示范工程。四是组织技术支撑单位和各县（市、区）政府多次召开项目协调会，反复核查历史遗留废弃矿山的现状，分析其存在的生态环境地质问题，论证主要生态修复方向及其合理性。五是对拟纳入项目的历史遗留废弃矿山图斑开展实地调查、勘查和资料收集工作，编制可行性研究和规划研究报告，进一步夯实了前期工作基础。

纳入本项目范围内的江南区(含经济技术开发区)27个历史遗留废弃矿山图斑,位于江南区江西镇安平村、同良村,苏圩镇隆德村、仁德村、新德村,延安镇那齐村,吴圩镇吴圩社区、康宁村4个镇8个村(社区),总治理面积33.83hm^2。针对江南区废弃矿山主要生态问题和土地利用方式,采取危岩清除、土壤重构、植被重建、土地整治和配套附属工程以及其他监测工程开展修复工作。目前已完成27个废弃矿山图斑施工图设计工作,并通过专家评审,在取得批复后可开展施工阶段工作,为本项目开展奠定了扎实的工作基础。

二、实施可行性

规划衔接充分,实施基础良好。南宁市废弃矿山生态修复项目与各项要求及规划充分衔接,确保符合城镇空间、农业空间、生态空间、自然保护地、生态保护红线、耕地保护红线等国家管控要求,遵从国家、自治区、县(市、区)各级层面的国土空间规划、生态功能区划、国土空间生态修复规划等规划要求,落实《南宁市国土空间总体规划(2021—2035年)》"一屏、四片、一带、一区"国土空间开发保护总体格局和"三区三线"规划要求,落实《广西自然资源"十四五"规划》"加强生态系统整体保护和系统修复,推进自然资源治理体系和治理能力现代化"的工作要求,保证工程项目符合各项上位规划。本项目核实了640个历史遗留矿山图斑,确保不涉及生态保护红线、永久基本农田等负面清单的有关内容,主管部门签署合规性承诺书。

本项目充分发挥科研院所、高校以及矿山修复重点实验室、南方石山地区矿山地质环境修复工程技术创新中心等专业技术力量优势,组建高水平、专业化的专家咨询团队,确保示范工程工作符合国家政策和技术规范要求,达到预期效果。另外实施区内分布有广昆、南北、南桂等高速公路,G209、G210、G322、G324、G325以及渝湛线(重庆—贵阳—南宁—湛江)和衡昆线(衡阳—南宁—昆明)等7条国道和各省道贯穿,并已经实现村村通,为各类子项目的施工运料和器材运输提供了便利的条件;各类子项目区周边居民以农业收入为主,当地青壮年富余劳动力较多,能够保障项目的顺利实施;区内村镇水源、电网已覆盖,为子项目实施提供了足够的水及电力资源。

此外,通过走访调研、征集权属人意见和进行宣传工作,矿山区群众对于开展矿山生态修复工作给予了大力支持。解决历史遗留废弃矿山的生态环境问题是顺应社会群众的要求,也是维护生态平衡和改善人居环境的重要举措。修复工作完成后,不仅能带来显著的生态效益,还能产生重要的社会效益,这得到了当地群众的广泛认可和支持。走访调研的过程中,矿山区群众对于矿山生态修复工作表达了积极的态度,他们意识到废弃矿山对环境的负面影响,并希望通过修复工作来改善这一状况,他们普遍认为矿山生态修复工作对于保护生态环境、改善生活质量和促进可持续发展具有重要意义。在征集权属人意见的过程中,矿山区群众积极参与了相关讨论和决策,他们对于矿山生态修复工作的规划和实施提出了宝贵的意见和建议。这些意见和建议反映了他们对于环境保护、资源合理利用和社会可持续发展的关切。相关部门和组织认真听取了他们的意见,并在制定修复方案和政策时加以考虑和采纳。

通过宣传工作,矿山区群众对于矿山生态修复工作的意义和效益有了更深入地了解和认识。他们了解到矿山生态修复工作不仅能够改善环境质量,还能为当地带来更好的生活条件和发展机遇。他们认识到矿山生态修复工作的重要性,并且愿意积极参与其中,为实现修复目标贡献自己的力量。

总的来说,矿山区群众对于开展矿山生态修复工作给予了大力支持,这种群众基础的支持和参与为矿山生态修复工作的顺利开展提供了坚实的基础,并将为当地的生态环境改善和社会发展带来积极的影响。

三、资金可行性

南宁市废弃矿山生态修复项目的资金安排合理,筹措方式可行。为充分发挥市场在资源配置中的决定性作用,激发市场活力,推动矿山生态修复高质量发展,增加优质生态产品供给,维护国家生态安全,构建生态文明体系,推动"中国绿城"建设,南宁市充分挖掘历史遗留废弃矿山价值,坚持问题导向,以南宁市国土空间、生态保护修复等规划和有关标准为参照,科学设置矿山生态修复子项目,合理制定生态保护修复方案,公开竞争引入生态保护修复主体,多方面多渠道筹措资金,保障项目实施。

项目总投资为55 056.00万元,申请中央资金30 000万元,地方资金19 389.75万元,社会资本投入5 666.25万元。在中央资金的支持引导下,自治区、市、县三级财政资金投入历史遗留矿山生态修复示范工程,形成政策和资金支持合力,避免碎片化,切实提高资金使用效益,项目资金来源有保障。通过综合分析,上述资金来源风险可控,不会给南宁市人民政府及项目所在县(市、区)政府新增政府隐性债务。同时,南宁市将建立完善政府统筹、多部门齐抓共管的工作机制,强化资金管理,科学合理安排支出,积极发挥财政资金引导作用,构建多元化投入机制,确保工程有效落地。

四、组织可行性

南宁市废弃矿山生态修复项目政策保障到位,组织管理有力。在组织管理方面,广西壮族自治区党委、政府高度重视,南宁市委市政府认真谋划,自治区、市、县三级协同联动,成立了南宁市历史遗留废弃矿山生态修复工作领导小组,工作领导小组下设工作指挥部。领导小组由市人民政府主要领导负责统一领导、统筹推进南宁市历史遗留废弃矿山生态修复工作,贯彻落实国家和自治区相关工作部署,不定期对推进工作的重大事项进行研究和决策,加强项目建设和资金使用管理的监督和指导,协调解决实施过程中遇到的重点和难点问题。工作指挥部由副市长担任指挥长,市人民政府副秘书长、市财政局局长、市自然资源局局长担任副指挥长,各县(市、区)、开发区主要负责人担任指挥部成员。指挥部负责统筹全市历史遗留废弃矿山生态修复工作,负责部署下达全市历史遗留废弃矿山生态修复工作计划;负责制定全市历史遗留废弃矿山生态修复工作标准;负责督促指导有关县(市、区)历史遗留废弃矿山生态修复工作的开展。

按照"省级指导、市级统筹、区县实施、专家支撑"的组织架构,广泛动员各方力量共同参与,做到领导有力、责任到人、合力推进。在项目实施过程中,严格实施项目法人制、招投标制、工程监理制、合同制、公告制和审计制等制度,做到规范、高效管理,确保矿山生态修复成效。工程在实施的不同阶段,分别制定专项目标管理责任制,明确项目各方责任,加强项目监管和项目后期资产归属的落实,建立后期管护责任制度,为项目切实提供坚实的制度保障。

第四章　南宁废弃矿山生态修复规划

第一节　整体设计

一、总体思路

以习近平生态文明思想为指导,牢固树立"山水林田湖草沙是生命共同体"理念,以筑牢南方生态安全屏障、厚植绿城生态底色为总目标,针对南宁市历史遗留废弃矿山存在的矿山地质安全问题突出、地形地貌破坏严重、土地资源损毁、动植物生境破坏、水土流失及石漠化加剧以及生态系统受损退化等重大生态问题,坚持尊重自然、顺应自然、保护自然,坚持节约优先、保护优先、自然恢复为主。基于南宁市开发保护总体格局与国土空间生态修复格局,着力构建南宁市"一屏一带四单元"矿山生态修复总体布局。按照"布局引导、单元管控、重点治理"的主要思路部署八大矿山生态修复子项目,并系统引入喀斯特地区高陡立面边坡生态修复、喀斯特石漠化地区"矿山修复+光伏风电资源开发"综合治理、茶光互补等创新技术及模式,将生态修复项目与资源、产业开发项目有效融合,积极创建碳中和背景下的南方丘陵山地带历史遗留废弃矿山生态修复示范区以及废弃矿山综合利用示范区,形成可复制、可推广、可持续的矿山生态修复多元集成示范实践样板,推动绿水青山向金山银山高质量转化,助力南宁市实现强首府战略目标,全面建成具有浓郁壮乡特色和亚热带风情的生态宜居城市。

二、基本原则

1. 尊重自然,保护自然

牢固树立绿水青山就是金山银山理念,坚持生态优先、节约优先、以自然恢复为主的方针,尊重生态系统演替规律,充分发挥大自然的自我修复能力,坚持自然恢复优先,以人工修复为辅,合理选择基于自然恢复、辅助再生、生态重建和转型利用等修复方式,以恢复生态系统结构功能、增强生态系统稳定性为主要目标,避免过度干预与过度修复。

矿山生态修复的主要目标是恢复生态系统的结构功能,增强生态系统的稳定性。在修复过程中,我们注重避免过度干预和过度修复,以免对生态系统造成不必要的干扰。我们尊重自然规律,充分利用自然的力量,让自然过程发挥主导作用,以实现生态系统的恢复和稳定。在修复工作中,根据具体情况选择合适的修复方式。首先,修复过程中会优先考虑自然恢复的可能性,让自然的力量逐渐恢复和修复破坏的生态系统。其次,辅助自然的过程,采取一些措施来促进自然恢复的进行,例如引入适宜的植物物种,改善土壤质量,提供适宜的生境条件等。再次,进行生态重建工作,通过人工手段来重建破坏的生态系统,例如人工湿地的建设、栖息地的恢复等。最后,考虑转型利用,将矿区等受损地区转变为可持续利用的生态功能区,实现资源的合理利用和经济的可持续发展。

2. 系统修复,综合治理

遵循生态系统内在机理,以生态本底和自然禀赋为基础,统筹考虑喀斯特地区矿山区域生态功能以及各生态要素相互依存、相互影响、相互制约等特点,将维护生物多样性保护、水源涵养、水土保持等生态功能和消除矿山地质安全隐患作为核心,明确修复目标,按照整体规划、总体设计、分期部署、分段实施的思路,合理布局项目、统筹实施各类工程,协同推进废弃矿山生态修复。遵循生态系统内在机理,以生态本底和自然禀赋为基础,是喀斯特地区矿山生态修复的重要原则。在修复工作中,需要统筹考虑矿山区域生态功能以及各生态要素相互依存、相互影响、相互制约等特点。因此,维护生物多样性保护、水源涵养、水土保持等生态功能,以及消除矿山地质安全隐患成为核心任务。

在具体实施过程中,合理布局项目,并统筹考虑各类工程的实施。例如,通过生态植被的引入和恢复,促进植被的生长和土壤的改良,以提高矿山地区的生态功能。同时,我们还将采取一系列措施来协同推进废弃矿山的生态修复工作。这包括水土保持工程、生物多样性保护工程、地质安全隐患治理等方面的工作。总之,遵循生态系统内在机理,以生态本底和自然禀赋为基础,喀斯特地区矿山生态修复工作将统筹考虑生态功能和生态要素的相互关系,并以维护生态功能和消除地质安全隐患为核心。通过整体规划、总体设计、分期部署、分段实施的思路,合理布局项目并协同推进各类工程,我们将致力于实现废弃矿山的生态修复,恢复矿山地区的生态系统健康与稳定。

3. 因地制宜,分类施策

聚焦红水河石漠化治理区、左右江生物多样性保护和石漠化治理区、郁江-黔浔江平原人居环境提升与水土流失防治区等重点生态修复区域生态问题的多样性、复杂性、多因性和地域性特征,开展全方位生态问题识别与精准诊断,针对矿山生态问题级别、矿种、开采方式,科学制定废弃矿山生态修复策略。

4. 技术可行,经济合理

以国土空间规划为引领,按照技术可行、财力可行的原则,开展生态修复适宜性评价,合理确定土地利用方式,优化工程布局和时序安排,减少重复投资,实现低成本修复、低成本管护,促进生态系统健康稳定与可持续利用,最大限度发挥废弃矿山修复后的长期效益。

5. 科技创新,示范带动

强化科技支撑,注重体系创新,推进喀斯特地区矿山生态修复技术和环境治理能力现代化建设。突出示范引领,运用新理论、新方法和新技术解决复杂的生态环境问题,提高生态环境保护和修复成效,致力于打造碳中和背景下的易复制、可推广矿山生态修复模式。在强化科技支撑方面,不断加大对科研机构和高等院校的支持力度,鼓励开展矿山生态修复技术的研发和创新。通过加强科技合作与交流,引进先进的技术设备和研究成果,提高矿山生态修复的技术水平和治理能力。在体系创新方面,不断建立健全科学规范的管理体系,制定完善的政策和法规,加强矿山生态修复的监测和评估。同时,加强人才培养和队伍建设,培养一支专业化、高素质的矿山生态修复人才队伍,为矿山生态修复的现代化建设提供有力的支持。

运用新理论、新方法和新技术,针对喀斯特地区矿山生态修复面临的复杂问题,进行系统研究和探索。通过创新性的思维和方法,寻找解决方案,提高生态环境保护和修复的成效。在推进喀斯特地区矿山生态修复技术和环境治理能力现代化建设的过程中,注重示范引领的作用。通过选择一些具有代表性的矿山进行示范项目,展示先进的修复技术和治理模式,引导其他矿山积极采用,并推动整个行业的发展。与此同时,在科技创新指引下打造碳中和背景下的易复制、可推广的矿山生态修复模式。通过科技支撑和体系创新,寻找适合喀斯特地区特点的修复模式,使其具备可持续性和可推广性,为其他地区提供借鉴和参考,推动整个矿山生态修复领域的发展。

6. 政府主导,部门分工

政府制定建设目标、建设规划,建立健全法规体系和管理机制,发挥主导作用,整合财政资金向工程区域倾斜,保障工程区域生态保护修复工作的有效实施。由市级统筹,分县(区)实施,明确牵头部门和配合部门,构建责任明确、协力推进、务求实效的工作格局。同时引导全民参与生态环境保护和建设,为工程的实施提供良好的社会环境。

三、主要目标

1. 总体目标

通过项目实施主要解决实施区域内存在的矿山地质环境问题、地形地貌破坏、土地资源损毁、动植物生境破坏等生态问题,完成生态修复总面积 1 100.66 hm²、修复废弃矿山(矿点)数量 640 个,消除地质环境隐患点 258 处,边坡治理面积 129.28 hm²,地形地貌重塑面积 514.78 hm²,采坑治理面积 151.71 hm²,新增林地面积 41.38 hm²,林地提质改造面积 154.71 hm²,新增草地面积 116.32 hm²,退化草地修复面积 159.07 hm²,新增耕地面积 105.37 hm²,土地复垦面积 508.14 hm²。工程实施后产生的效益包括实施区域人居环境改善惠及 14 万人,增加的植被覆盖率不低于 30%,水土流失面积减少率不低于 80%,土地复垦利用率不低于 46%,实施区域生态系统稳定性提高,水土保持功能得到增强,人居环境得到全面提升。

2. 年度目标

本次项目实施计划期限为 2023—2025 年,共计 3 年实施期。各年年度目标详见表 4.1。

表 4.1　历史遗留废弃矿山生态修复示范工程子项目建设目标表

年度	治理对象	年度目标
2023年	开展重点区域、重要流域内生态破坏问题突出、集中连片、位于重要交通干线和河流湖泊直观可视范围内，对人居环境产生重大影响的废弃矿山的生态修复工作，完成工程总体进度的20%	2023年，完成生态修复总面积220.12hm²；工程内容包括修复废弃矿山（矿点）数量129个、消除地质环境隐患点155处；工程实施后产生的效益包括实施区域人居环境改善惠及2.8万人，增加的植被覆盖率不低于30%，水土流失面积减少率不低于80%，土地复垦利用率不低于46%
2024年	开展生态问题一般、经济效益较好、盘活土地资源潜力较大的废弃矿山的生态修复工作，完成工程总体进度的50%	2024年，完成生态修复总面积550.34hm²；工程内容包括修复废弃矿山（矿点）数量322个、消除地质环境隐患点103处；工程实施后产生的效益包括实施区域人居环境改善惠及7万人，增加的植被覆盖率不低于30%，水土流失面积减少率不低于80%，土地复垦利用率不低于46%
2025年	开展剩余生态问题较小，综合效益一般的废弃矿山生态修复工作，完成工程总体进度的30%，逐步启动子项目工程验收、项目验收等工作	2025年，完成生态修复总面积330.2hm²；工程内容包括修复废弃矿山（矿点）数量189个；工程实施后产生的效益包括实施区域人居环境改善惠及4.2万人，增加的植被覆盖率不低于30%，水土流失面积减少率不低于80%，土地复垦利用率不低于46%

3. 绩效目标

工程总体目标是通过项目实施，主要解决实施区域内存在的矿山地质环境问题、地形地貌破坏、土地资源损毁、动植物生境破坏等生态问题，完成生态修复总面积1 100.66hm²、修复废弃矿山（矿点）数量640个。工程实施后，产生的效益包括实施区域人居环境改善惠及14万人口，增加植被覆盖率不低于30%，水土流失面积减少率不低于80%，土地复垦利用率不低于46%，实施区域生态系统稳定性提高，水土保持功能得到增强，人居环境得到全面提升。

第二节　修复范围

一、工程实施范围

南宁市历史遗留废弃矿山生态修复工程规划实施范围位于南方丘陵山地带南宁市域，处于红水河石漠化治理区、左右江生物多样性保护和石漠化治理区以及郁江-黔浔江平原人居环境提升与水土流失防治区，涉及行政区包括南宁市兴宁区、江南区、经开区、良庆区、青秀区、西乡塘区、武鸣区、东盟区、横州市、马山县、上林县、宾阳县、隆安县13个县（市、区），77个乡镇（街道），213个行政村。项目修复单元4个，分别是红水河下游矿山生态修复单元（Ⅰ）、右江下游矿山生态修复单元（Ⅱ）、邕江干流矿山生态修复单元（Ⅲ）、郁江干流矿山生态修复单元（Ⅳ）。项目实施范围如图4.1所示，共计640个图斑，实施范围1 100.66hm²。

图4.1 项目实施范围图

二、负面清单核实

1.永久基本农田

根据与永久基本农田数据套合，南宁市历史遗留废弃矿山生态修复项目范围内共涉及168个图斑的永久基本农田，以及农民自发开垦的耕地后划入到永久基本农田保护范围内的，总面积约37.2hm²。根据现场调查核对，所涉及永久基本农田区域现状地类为旱地和水田，不存在永久基本农田损毁的情况。

在矿山修复治理的同时，采取田块整治、土壤改良、整修道路、修建截排水沟等措施，以同步提高永久基本农田标准，确保永久基本农田面积不减少，质量不降低。项目区涉及永久基本农田矿山情况详见表4.2。

表 4.2　涉及永久基本农田矿山情况统计表

序号	行政区	面积/hm²	图斑个数/个
1	宾阳县	7.61	37
2	横州市	0.66	4
3	江南区	1.19	8
4	良庆区	0.18	1
5	隆安县	0.81	8
6	马山县	9.36	44
7	上林县	8.67	45
8	武鸣区	3.28	9
9	兴宁区	5.44	12
总计		37.20	168

对于废弃矿山损坏原地类为耕地的情况，必须复垦为耕地。对于土地损毁前原地类为非耕地且适宜性评价为宜开垦土地的情况，也可通过平整场地、道路工程、覆土再造、土壤改良、排水灌溉修复为耕地。项目采用的工程措施符合《自然资源部农业农村部国家林业和草原局关于严格耕地用途管制有关问题的通知》(自然资发〔2021〕166 号)要求。

2. 生态保护红线

在南宁市废弃矿山生态修复项目中，历史遗留废弃矿山图斑中有 71 个涉及 3 类(水源涵养、生物多样性维护、水土保持)6 种生态保护红线(北部湾水源涵养生态保护红线、西津水库库区丘陵水源涵养与生物多样性维护生态保护红线、左江干流流域—高峰岭水源涵养生态保护红线、红水河流域喀斯特山地水土保持生态保护红线、武鸣—隆安喀斯特山地生物多样性维护生态保护红线、右江中下游干流流域水源涵养生态保护红线)，涉及面积约 13.26hm²，其中，包括广西横州市西津国家湿地公园(0.21hm²)和广西南宁弄拉自治区级自然保护区两个自然保护地(0.01hm²)。

针对在水源涵养、生物多样性维护和土壤保持等重点生态功能区内的历史遗留废弃矿山，主要采取封禁拦挡、保护保育和撒播草籽等措施，减少人工措施及工程治理措施，避免人为及工程扰动对生态造成新的破坏，同时，并严格按照国家相关生态保护红线的管控要求进行治理。南宁市废弃矿山生态修复项目中涉及生态保护红线矿山情况具体见表 4.3。

3. 城镇开发边界

在南宁市废弃矿山生态修复项目中，有 76 个历史遗留废弃矿山图斑与城镇开发边界重合，总面积 161.18hm²。在城镇开发边界范围内的历史遗留废弃矿山，主要采取废弃设施拆除、场地平整、修建截排水沟和撒播草籽等措施，做好水土保持，使场地达到可供利用状态。表4.4是南宁市废弃矿山生态修复项目中涉及城镇开发边界矿山情况统计表情况，南宁市废弃矿山生态修复项目中涉及基本农田矿山情况、生态红线矿山情况及城镇开发边界矿山情况分布图如图4.2所示。

表4.3 涉及生态保护红线矿山情况统计表

序号	红线名称	行政区域	红线类型	面积/hm²
1	北部湾水源涵养生态保护红线	横州市	水源涵养	0.02
2	西津水库库区丘陵水源涵养与生物多样性维护生态保护红线	横州市	生物多样性维护	0.25
3	左江干流流域—高峰岭水源涵养生态保护红线	江南区	水源涵养	0.05
3	左江干流流域—高峰岭水源涵养生态保护红线	良庆区	水源涵养	3.31
4	红水河流域喀斯特山地水土保持生态保护红线	马山县	水土保持	5.76
4	红水河流域喀斯特山地水土保持生态保护红线	上林县	水土保持	2.67
5	武鸣—隆安喀斯特山地生物多样性维护生态保护红线	武鸣区	生物多样性维护	0.06
6	右江中下游干流流域水源涵养生态保护红线	武鸣区	水源涵养	1.14
合计				13.26

表4.4 涉及城镇开发边界矿山情况统计表

序号	行政区	图斑数量/个	面积/hm²	占比/%
1	宾阳县	7	9.64	5.98
2	横州市	3	2.04	1.26
3	良庆区	4	2.72	1.69
4	隆安县	6	6.96	4.32
5	马山县	11	19.53	12.12
6	青秀区	3	6.19	3.84
7	上林县	4	8.09	5.02
8	武鸣区	10	23.73	14.72
9	西乡塘区	1	5.45	3.38
10	兴宁区	27	76.83	47.67
总计		76	161.18	100.00

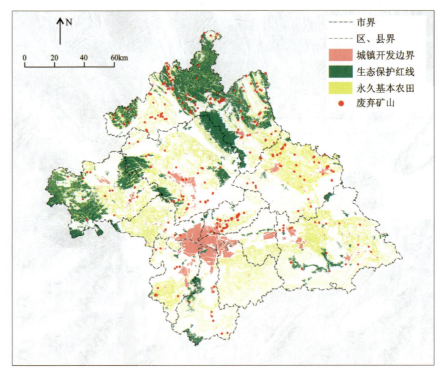

图 4.2 涉及"三线"废弃矿山分布图

4. 其他情形

项目治理对象为政府作为治理责任主体的历史遗留矿山,不涉及有明确修复责任主体的矿山修复;不涉及有中央财政资金支持的项目;不涉及公园、广场、雕塑等旅游设施,以及"盆景"工程等景观工程建设;不涉及审计、督察发现问题未整改的项目。

第三节 矿山生态修复单元划分

一、矿山生态修复总体布局

依据南宁市历史遗留废弃矿山地质安全问题突出、地形地貌破坏严重、土地资源损毁、动植物生境破坏、水土流失及石漠化加剧以及生态系统受损退化等突出生态问题,结合主体功能定位,聚焦红水河石漠化治理区、左右江生物多样性保护和石漠化治理区、郁江-黔浔江平原人居环境提升与水土流失防治区等重点生态修复区,通过将区域地貌类型、气候条件、水文水系、流域区域、自然保护地、生态功能区、主要生态问题等要素进行叠加,同时考虑行政单元的完整性和项目实施的便利性,将南宁市历史遗留废弃矿山修复空间划分为覆盖全域、特征鲜明的 4 个矿山生态保护修复单元,提出南宁市历史遗留废弃矿山"一屏一带四单元"矿山生态修复总体布局,总体布局如图 4.3 所示。

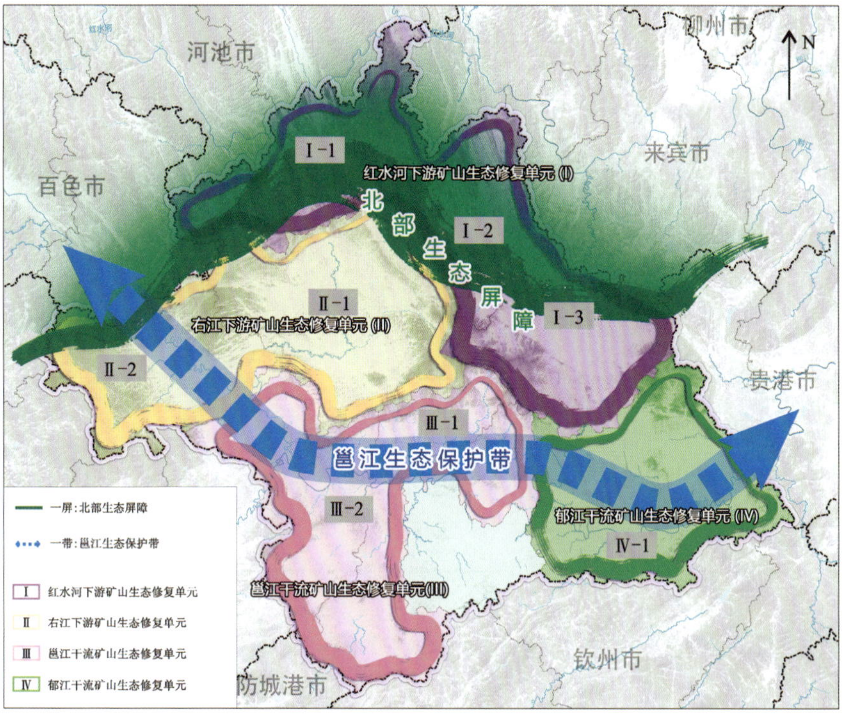

图 4.3　南宁市历史遗留废弃矿山生态修复单元及子项目分布图

其中"一屏"指的是北部生态屏障;"一带"指的是南宁市邕江生态保护带;"四单元"指的是红水河下游矿山生态修复单元(Ⅰ)、右江下游矿山生态修复单元(Ⅱ)、邕江干流矿山生态修复单元(Ⅲ)、郁江干流矿山生态修复单元(Ⅳ)。

根据南宁市历史遗留废弃矿山"一屏一带四单元"矿山生态修复总体布局,按照"布局引导、单元管控、重点治理"的主要思路,部署八大矿山生态修复子项目,详见表4.5,空间布局见图4.3。

表 4.5　矿山生态修复单元及子项目设置

修复单元	子项目划分		行政区	图斑数量/个	治理面积/hm²
	编号	名称			
红水河下游矿山生态修复单元(Ⅰ)	Ⅰ-1	马山大明山北麓历史遗留废弃矿山生态修复项目	马山县	128	259.75
	Ⅰ-2	上林大明山东麓历史遗留废弃矿山生态修复项目	上林县	134	148.70
	Ⅰ-3	宾阳清水河上游历史遗留废弃矿山生态修复项目	宾阳县	111	176.26
右江下游矿山生态修复单元(Ⅱ)	Ⅱ-1	武鸣河流域历史遗留废弃矿山生态修复项目	武鸣区、东盟区	57	123.45
	Ⅱ-2	隆安右江干流历史遗留废弃矿山生态修复项目	隆安县	33	31.12

续表 4.5

修复单元	子项目划分		行政区	图斑数量/个	治理面积/hm²
	编号	名称			
邕江干流矿山生态修复单元(Ⅲ)	Ⅲ-1	兴宁高峰岭南麓历史遗留废弃矿山生态修复项目	兴宁区	84	220.6
	Ⅲ-2	南宁主城区历史遗留废弃矿山生态修复项目	江南区、经开区、良庆区、青秀区、西乡塘区	68	99.62
郁江干流矿山生态修复单元(Ⅳ)	Ⅳ-1	横州郁江干流历史遗留废弃矿山生态修复项目	横州市	25	41.16
合计	8个		11个	640	1 100.66

二、红水河下游矿山生态修复单元(Ⅰ)

1. 单元概况

红水河下游矿山生态修复单元位于红水河石漠化治理区,是重要的水源涵养区和生物多样性保护区,涉及马山县、上林县、宾阳县。本单元主要为喀斯特谷地、峰林洼地和残丘平原地貌类型,属南亚热带湿润气候区闽南—珠江气候区,年平均气温 21.3℃。区内年平均降雨量最大为平均降雨量 2100mm,位于上林县大明山脚;年平均降雨最小为平均降雨量 1400mm,位于马山西部丘陵地区的永州镇。项目区内土壤类型主要为红壤土,是红水河重要的水源地。该区主要地下水类型为基岩裂隙水和碳酸盐岩夹碎屑喀斯特裂隙水、纯碳酸盐岩岩组的裂隙溶洞水、覆盖型喀斯特水,水量贫乏—丰富。

红水河下游矿山生态修复单元内分布众多灰岩山体,分布有红水河流域喀斯特山地水土保持生态保护区、广西大明山国家级自然保护区、广西上林龙山自治区级自然保护区、弄拉自治区级自然保护区、广西宾阳八仙岩国家石漠公园,自然生态系统保持较好,以水源地保护、防止石漠化、生物多样性为主攻方向。

纳入本单元的历史遗留废弃图斑 373 处,开采矿种以建筑石料用灰岩(100 处)、砖瓦用黏土(74 处)、石灰岩(50 处)、滑石(35 处)、砖瓦用页岩(21 处)、其他(61 处)等非金属矿山为主,并有 25 处锰矿、4 处钒矿、3 处铅矿。开采方式为露天开采(317 处),井工开采(33 处)或联合开采(23 处)。

2. 主要问题

本单元喀斯特发育,生态敏感脆弱,由于矿产资源利用方式粗放,矿区千疮百孔,满目疮痍,造成生态环境破坏,开采活动造成地表水土大面积流失土壤侵蚀加剧,尤其是锰矿的开采,导致水土流失严重。动植物栖息地遭受破坏,致使生境破碎化,生物物种多样性减少。由于植被退化、蓄水保土、涵养水分等能力大大减弱,加剧该区石漠化。

3. 治理方向

工程实施区重点以上林滑石矿和煤矿,马山建材矿、煤矿、锰矿和滑石矿,宾阳建材和非金属矿山等为重点,加大固体废弃物堆场整治力度,加强地面塌陷综合治理工作,采取削坡、护坡等措施消除矿山地质环境问题,实施土壤重构恢复矿区植被和矿山生态环境。对重要基础设施周围、农田周边、城镇周边等区域的废弃矿山采取辅助再生和生态重建相结合的模式开展矿山生态修复,对无地质环境问题的其余矿山主要采取自然恢复的模式开展矿山生态修复,解决石漠化和生态空间受损等问题,提高区域水土保持和水源涵养功能,提升生物多样性。

1)马山大明山北麓历史遗留废弃矿山生态修复项目(Ⅰ-1)

马山大明山北麓历史遗留废弃矿山生态修复项目范围内共有废弃矿山图斑128块,面积259.75hm²,占总修复面积23.60%。范围内矿产种类有粉石英、高岭土、硅灰石、滑石、建筑石料用灰岩、煤、锰矿、其他黏土、页岩。开采方式包括井工开采和露天开采,其中井工开采面积48.29hm²,占18.59%;露天开采面积211.46hm²,占81.41%。

本项目区内存在的主要生态问题以山体破损、土地压占损毁、植被破坏为主,水土流失较为严重。拟通过坡面加固排危、废弃井口封堵、植物种群配置、回填整平、土壤剥覆、陡坡放缓等技术,消除地质环境问题点13处,新增林地21.54hm²,新增草地15.21hm²,新增耕地17.59hm²,建设用地平整0.55hm²。马山大明山北麓历史遗留废弃矿山生态修复项目矿点分布如图4.4所示。

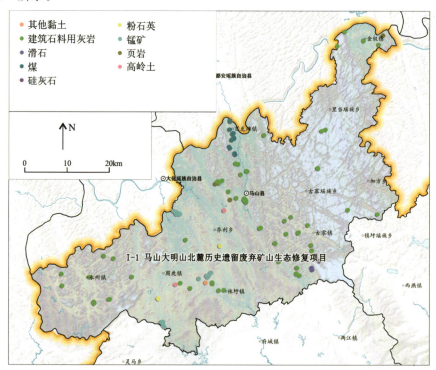

图4.4 马山大明山北麓历史遗留废弃矿山生态修复项目矿点分布图

2)上林大明山东麓历史遗留废弃矿山生态修复项目(Ⅰ-2)

上林大明山东麓历史遗留废弃矿山生态修复项目范围内共有 134 块废弃矿山图斑,总面积 148.70hm²,占总修复面积 13.51%。范围内矿产种类有钒矿、方解石、滑石、建筑石料用灰岩、金矿、煤、锰矿、其他黏土、石灰岩、天然石英砂、砖瓦用黏土。开采方式包括井工开采、联合开采和露天开采,其中井工开采面积 6.27hm²,占 4.22%;联合开采面积 15.89hm²,占 10.69%;露天开采面积 126.54hm²,占 85.09%。项目区内存在的主要生态问题以山体破损、土地压占损毁、植被破坏为主,水土流失较为严重。通过工程治理,消除地质环境问题点 14 处,新增林地 4.57hm²,新增草地 12.72hm²,新增耕地 31.12hm²。上林大明山东麓历史遗留废弃矿山生态修复项目矿点分布如图 4.5 所示。

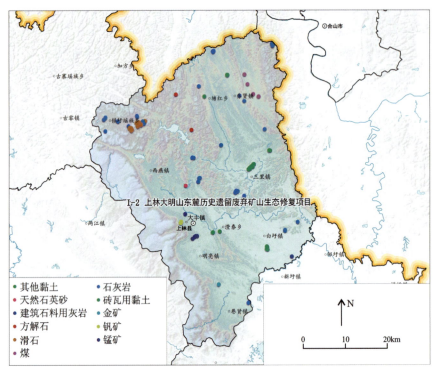

图 4.5　上林大明山东麓历史遗留废弃矿山生态修复项目矿点分布图

3)宾阳清水河上游历史遗留废弃矿山生态修复项目(Ⅰ-3)

宾阳清水河上游历史遗留废弃矿山生态修复项目范围内共有 111 块废弃矿山图斑,总面积 176.26hm²,占总修复面积 16.01%。范围内矿产种类有高岭土、建筑石料用灰岩、建筑用砂、建筑用砂岩、泥炭、铅矿、饰面用花岗岩、水泥用黏土、砖瓦用页岩、砖瓦用黏土。开采方式包括井工开采和露天开采,其中井工开采面积 0.64hm²,占 0.36%;露天开采面积 175.62hm²,占 99.64%。项目区内存在的主要生态问题以山体破损、土地压占损毁、植被破坏为主,水土流失较为严重。拟通过工程治理,消除地质环境问题点 12 处,新增林地 1.52hm²,新增草地 25.71hm²,新增耕地 30.96hm²。宾阳清水河上游历史遗留废弃矿山生态修复项目矿点分布如图 4.6 所示。

图 4.6　宾阳清水河上游历史遗留废弃矿山生态修复项目矿点分布图

三、右江下游矿山生态修复单元（Ⅱ）

1. 单元概况

右江下游矿山生态修复单元属右江流域下游区域,位于左右江生物多样性保护和石漠化治理区,涉及隆安县、武鸣区。单元主要为残丘平原地貌类型,属亚热带季风气候区,光热充足,雨量充沛,夏季炎热多雨,春秋季易旱,冬日温暖少雨,偶尔有霜,年平均气温21.7℃。土壤类型主要为地带性砖红壤性红壤区。就时空而言,雨量分布自东北往西南逐渐递减。大明山是多雨区,年平均降雨量为2 496.5mm,最多达2 791.1mm,南部的太平镇、甘圩镇等地为少雨区,太平镇年平均降雨量为1 071.2mm,最少仅为629.5mm。

本单元内分布有广西大明山国家级自然保护区、广西大明山自然保护区、红水河流域喀斯特山地水土保持生态保护区、右江中下游干流流域水源涵养生态保护区、广西三十六弄-陇均自治区级自然保护区、广西龙虎山自治区级自然保护区等。

纳入本单元的历史遗留废弃图斑90处,以石灰岩(32处)、砖瓦用页岩(19处)、砖瓦用黏土(12处)、其他(20处)等非金属矿山为主,并分布有7处锰矿,全部为露天开采(90处)。

2. 主要问题

右江下游矿山生态修复单元区内植被退化、土地资源破坏严重,部分存在地质环境问题。

3. 治理方向

以隆安县、武鸣区建材矿和其他非金属矿治理为重点,为消除矿山地质安全隐患将加大固体废弃物堆场整治,采取削坡、护坡等措施,同时实施土地复垦和土壤重构以恢复矿区植被和矿山生态环境。对远山、立地条件好的区域将采取自然恢复的模式实施矿山生态修复,而对重要河流航道、高速公路和高铁沿线、旅游景点周边、农田周边、城镇周边等区域采取辅助再生和生态重建相结合的模式开展矿山生态修复,解决地质环境问题和植被破坏等问题。

4. 子项目情况

右江下游矿山生态修复单元(Ⅱ)含有2个矿山生态修复子项目。

1)武鸣河流域历史遗留废弃矿山生态修复项目(Ⅱ-1)

武鸣河流域历史遗留废弃矿山生态修复项目范围内共有57块废弃矿山图斑,总面积123.44 hm^2,占总修复面积11.22%。范围内矿产种类有方解石、粉石英、建筑石料用灰岩、建筑用页岩、锰矿、石灰岩、砖瓦用砂岩、砖瓦用页岩、砖瓦用黏土。开采方式均为露天开采(57处)。

武鸣河流域历史遗留废弃矿山生态修复项目内矿山山体挖损严重,土地资源破坏较多,植被退化严重。拟通过工程治理措施,消除地质环境问题点6处,新增林地2.31 hm^2,新增草地2.1 hm^2,新增耕地9.5 hm^2。武鸣河流域历史遗留废弃矿山生态修复项目矿点分布如图4.7所示。

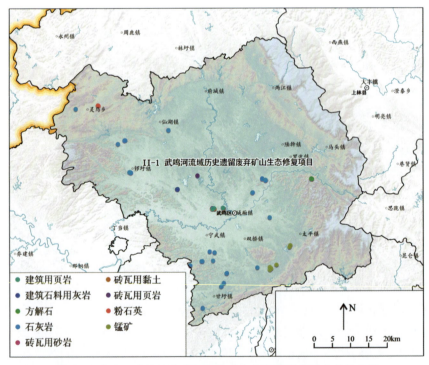

图4.7 武鸣河流域历史遗留废弃矿山生态修复项目矿点分布图

2)隆安右江干流历史遗留废弃矿山生态修复项目(Ⅱ-2)

隆安右江干流历史遗留废弃矿山生态修复项目范围内共有33块废弃矿山图斑,总面积

$31.12hm^2$,占总修复面积 2.83%。范围内矿产种类有建筑石料用灰岩、页岩、砖瓦用页岩、砖瓦用黏土。开采方式均为露天开采。区域内生态问题以土地压占、地形破坏、植被破坏为主。通过工程治理,消除地质环境问题点 3 处,新增草地 $1.2hm^2$,新增耕地 $1.54hm^2$。隆安右江干流历史遗留废弃矿山生态修复项目矿点分布如图 4.8 所示。

图 4.8　隆安右江干流历史遗留废弃矿山生态修复项目矿点分布图

四、邕江干流矿山生态修复单元(Ⅲ)

1. 单元概况

邕江干流矿山生态修复单元属右江流域下游邕江干流区域,涉及南宁市兴宁区、青秀区、西乡塘区、江南区、良庆区。本单元地形地貌属于喀斯特孤峰平原,属于亚热带季风气候区,具有冬春微寒,细雨绵绵,夏季炎热多雨,秋季凉爽,冬日低温无雪的特点。多年平均气温 21.9℃。多年平均降雨量 1125mm,降雨量在时空上的分布呈南部多,北部少的特点,南部年平均降雨量 1150mm,北部年平均降雨量 1110mm。该区主要地下水类型为碳酸盐岩喀斯特裂隙水,含水岩组为厚层状弱—中等喀斯特化坚硬砾岩岩组,水量中等。

邕江干流矿山生态修复单元内分布有金鸡山自治区级森林公园、广西南宁大王滩国家湿地公园,以及国家经济开发区和机场空港区,其周边生态环境状况直接影响着南宁市的形象。

纳入本单元的历史遗留废弃图斑 152 处,以砖瓦用黏土(93 处)、砖瓦用页岩(21 处)、其他(32 处)等非金属矿山为主,并分布有 6 处锰矿,开采方式全部为露天开采(152 处)。

2. 主要问题

本单元处于重要的人居环境提升区,区域内地形破坏严重,生态退化,水土流失严重,个别矿山存在地质环境问题。

3. 治理方向

以邕江两岸南宁城区黏土矿和锰矿生态治理恢复为主。通过消除矿山地质安全隐患,土壤重构、植被重建等措施,解决地形破坏严重问题,恢复矿区植被和矿山生态环境,提升人居环境。

4. 子项目情况

邕江干流矿山生态修复单元(Ⅲ)下含2个矿山生态修复子项目。

1)兴宁高峰岭南麓历史遗留废弃矿山生态修复项目(Ⅲ-1)

兴宁高峰岭南麓历史遗留废弃矿山生态修复项目范围内共有84块废弃矿山图斑,总面积220.60hm²,占总修复面积20.04%。范围内矿产种类均为砖瓦用黏土。开采方式均为露天开采。区域内土地压占现象严重,地形遭到破坏,植被退化明显。通过工程治理,新增草地0.35hm²。兴宁高峰岭南麓历史遗留废弃矿山生态修复项目矿点分布如图4.9所示。

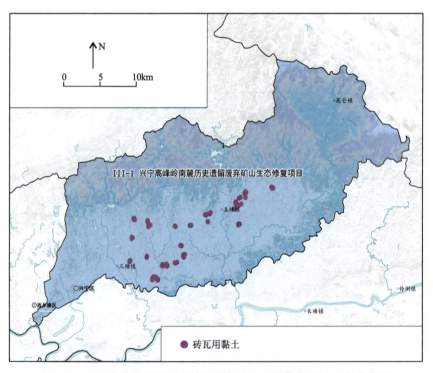

图4.9 兴宁高峰岭南麓历史遗留废弃矿山生态修复项目矿点分布图

2)南宁主城区历史遗留废弃矿山生态修复项目(Ⅲ-2)

南宁主城区历史遗留废弃矿山生态修复项目范围内共有68块废弃矿山图斑,总面积99.62hm²,占总修复面积9.05%。范围内矿产种类有高岭土、建筑石料用灰岩、锰矿、泥灰岩、泥炭、其他黏土、页岩、砖瓦用页岩、砖瓦用黏土。开采方式均为露天开采。区域属于邕江干流矿山生态修复单元，工程以提升人居环境、水土保持为主攻方向，通过工程治理，消除地质环境问题点7处，新增林地11.23hm²，新增草地1.06hm²，新增耕地6.72hm²。南宁主城区历史遗留废弃矿山生态修复项目矿点分布如图4.10所示。

图4.10　南宁主城区历史遗留废弃矿山生态修复项目矿点分布图

五、郁江干流矿山生态修复单元（Ⅳ）

1. 单元概况

郁江干流矿山生态修复单元属右江流域下游郁江干流区域，位于郁江-黔浔江平原人居环境提升与水土流失防治区，主要涉及横州市。本单元地形地貌属于喀斯特孤峰平原，属于亚热带季风气候区，气候温暖，雨水充沛，年平均气温21.6℃，多年平均降雨量1 408.2mm。该区主要地下水类型为裸露型碳酸盐岩裂隙溶洞水，含水岩组为中厚层状强喀斯特化坚硬碳酸盐岩岩组，水量丰富。

郁江干流矿山生态修复单元内分布有九龙瀑布群国家森林公园、横州市六景泥盆系地层标准剖面自治区级自然保护区和横州市西津国家湿地公园。

纳入本单元的历史遗留废弃图斑25处，矿种以砖瓦用黏土（11处）、石灰岩（7处）、其他（7处）非金属矿山为主，开采方式全部为露天开采（25处）。

2. 主要问题

本单元处于国家级农产品主产区和西津国家湿地公园生态涵养区，矿山开采后土地挖损、植被破坏严重。特别是黏土矿在降雨作用下易形成水土流失,进一步降低土壤肥力,导致植被难以生长,生物多样性降低,大量土地资源损毁。

3. 治理方向

本单元内以横州市建材和其他非金属矿治理为主,主要采取削坡、护坡等措施消除矿山地质安全隐患,开展地形地貌重塑,实施植被重建和土地复垦工程,恢复矿区植被,解决土地损毁和水土流失严重等问题,有效增加耕地面积。对深山远山且无地质环境问题的矿山,采取自然恢复模式实施生态修复。

4. 子项目情况

郁江干流矿山生态修复单元(Ⅳ)下含 1 个矿山生态修复子项目。

横州郁江干流历史遗留废弃矿山生态修复项目(Ⅳ-1)

横州郁江干流历史遗留废弃矿山生态修复项目范围内共有 25 块废弃矿山图斑,总面积 41.16hm²,占总修复面积 3.74%。范围内矿产种类有建筑石料用灰岩、建筑用页岩、石灰岩、石英岩、页岩、砖瓦用砂岩、砖瓦用黏土。开采方式均为露天开采。区域位于郁江干流矿山生态修复单元,是耕地资源重要聚集地,然而,矿山存在山体破损、植被退化等问题,引发区内水土流失现象,降低水源涵养功能,部分动植物的生存环境受到影响。通过工程治理,消除 3 处地质环境问题点,并新增了 0.21hm² 的林地、2.36hm² 的草地和 7.96hm² 的耕地。横州郁江干流历史遗留废弃矿山生态修复项目矿点分布如图 4.11 所示。

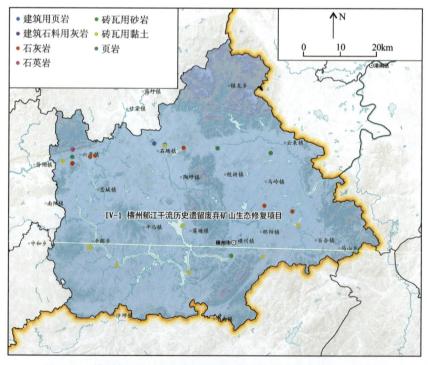

图 4.11 横州郁江干流历史遗留废弃矿山生态修复项目矿点分布图

第五章　方法与技术

第一节　技术路线

一、修复原则

根据国土空间规划、土地利用总体规划等相关规划、政策以及限制性因素等，结合自然条件和社会经济状况、废弃矿山土地利用现状与损毁情况、矿山生态状况以及公众的参与意愿，南宁市将按照宜耕则耕、宜林则林、宜草则草、宜水则水、宜建则建的原则，积极开展历史遗留废弃矿山的生态修复工作。

在南宁市的废弃矿山生态修复中，首先会根据土地规划和总体规划，结合相关政策和限制性因素，制定出适宜的修复方案。这些方案会综合考虑自然条件和社会经济状况，确保修复工作符合当地的可持续发展需求。其次，会对废弃矿山土地利用现状和损毁情况进行详细调查和评估。通过对土地的质量、植被覆盖情况、水资源状况等进行分析，确定恢复策略和技术。最后，矿山生态状况也是修复工作的重要考虑因素之一。通过对矿山生态系统的调查和评估，了解其受损程度和恢复潜力。这些信息将有助于制定针对性地修复措施，以恢复生态系统的结构和功能。与此同时，公众的参与意愿也将被充分考虑。南宁市积极开展公众参与活动，征求市民的意见和建议。这有助于增强公众对修复工作的认同感和参与度，使修复工作更加符合社会期望。

二、修复路线

南宁市废弃矿山生态修复在"筑牢南方生态安全屏障，厚植绿城生态底色"的总体目标下，充分做好废弃矿山基本情况调查、矿山生态问题的勘探、矿山地形图绘制、资料收集等一系列的矿山生态修复前期准备工作。以大明山国家级自然保护区为参照系对南方丘陵山地带南宁市废弃矿山进行问题识别与诊断，在坚持生态优先、节约优先、以自然恢复为主的方针"布局引导、单元管控、重点治理"的总体思路构建"一屏一带四单元"的矿山生态修复总体布局。其中针对具体区域的生态修复项目在宜耕则耕、宜林则林、宜草则草、宜水则水、宜建则建的修复原则制定详细的矿山生态修复工程方案，达到预期成效。建立喀斯特石漠化地区废弃矿山生态修复固碳增汇技术体系、探索"矿山修复＋光伏风电资源开发"社会资本参与生态修复南宁模式、创新南方石山地区矿山废弃地综合修复利用典型模式，为其他地方废弃矿山生态修复提供借鉴。南宁市废弃矿山生态修复的技术路线图如5.1所示。

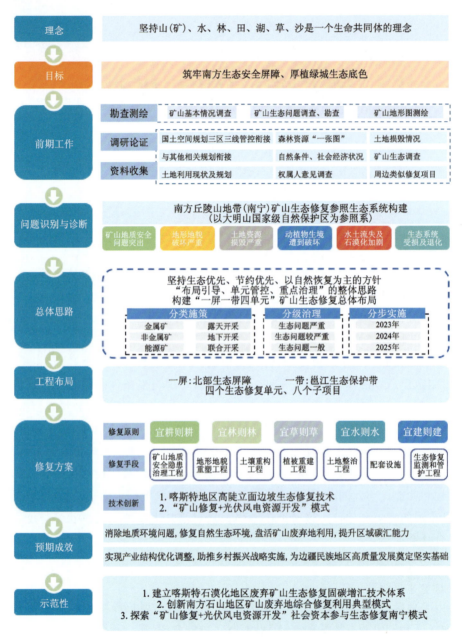

图 5.1 技术路线图

第二节 修复方法

针对南宁市历史遗留废弃矿山生态系统受损程度和恢复力，科学选取修复方式，实施矿山地质安全隐患治理、地形地貌重塑、土壤重构、植被重建、土地整治、配套设施、生态修复监测与管护等措施工程。

一、矿山地质安全隐患治理工程

根据不同矿山地质安全问题,广西南方丘陵山地带(南宁)历史遗留废弃矿山生态修复大致可以分为崩塌区(含危岩),滑坡、不稳定边坡区,塌陷区。

1. 崩塌区(含危岩)

崩塌区主要采用的治理工程手段有清除工程、锚固工程、遮挡拦截工程、挡墙工程等多种形式。

(1)清除工程:包括人力锤击楔裂法、静态破碎法以及控制爆破法。人力锤击楔裂法,对浮石、滚石和碎裂化岩石面上体积较小的危岩采用人工破碎、清运的方法;静态破碎法适用于体积较大、人力清除较困难的危岩;控制爆破法,根据待爆危岩体的特征、爆破周围环境选择适宜的方法并编制专项爆破设计。

(2)锚固工程:当滑移式、倾倒式危岩体规模较大,主控结构面开度较宽时,宜采用锚固工程,优先选择预应力锚杆(索)锚固;当坠落式危岩体积较大,且后缘无裂隙时,也可采取锚固工程。

(3)遮挡拦截工程:对山体危岩区进行防护网构筑,采用主动防护网与被动防护网搭配安装防护。主动防护网可与植被根系的固土作用结为一体,抑制坡面破坏和水土流失。防护网按照施工放样→基坑开挖→混凝土基础浇筑(立柱预埋安装)→防护网、检修门制作→防护网、检修门安装→安全警示牌安装的顺序进行安装。

(4)挡墙工程:部分废弃矿山边坡底部风化严重,需要采用挡墙进行支护,其作用主要是抵挡落石、反压坡脚,并且支撑上部岩体,增加整体稳定性。

2. 滑坡、不稳定边坡区

滑坡治理工程主要有刷方减载、排水工程、重力式挡墙、植物防护工程等。

(1)刷方减载:刷方减载是滑坡防治工程中最为有效的工程措施,目的在于通过减少后缘滑体的体积来降低滑坡下滑力,或通过清除滑坡体表层不稳定滑体,或通过改变坡体形态降低坡角等措施来增强边坡稳定性。一般包括滑坡后缘减载、表层滑体或变形体的清除、削坡降低坡度以及设置马道等。刷方减载对于滑坡稳定系数的提高值可以作为设计依据。

(2)排水工程:为了防止大气降水向岩体渗透,需要在滑坡体外围布置截水沟槽,以截断流至滑坡体上的水流。截排水沟按设计的坡顶线和坡脚线外推相应安全距离设置,在不影响边坡稳定、安全的情况下,局部截弯取直,同时按排水沟水流要求确定转弯半径。避让边坡范围及相关建构筑物、设施等,不与其发生矛盾,南宁市废弃矿山生态修复采用 $0.4m \times 0.4m$ 的矩形混凝土渠道。

(3)重力式挡墙:重力式挡墙类型应根据使用要求、地形、地质和施工条件等综合考虑确定,对岩质边坡和挖方形成的土质边坡宜优先采用仰斜式挡墙,高度较大的土质边坡宜采用衡重式或仰斜式挡墙材料用浆砌石。挡墙后面的填土,应优先选择抗剪强度高和透水性较强的填料。

(4)植物防护工程：采用合理的客土回填和土壤培肥方案，沿矿山坡面撒播草籽，进行点状复绿。

3. 塌陷区

由采空区引起的地面塌陷问题，未达到沉陷稳定状态的，宜采取监测、预警及临时工程措施，消除安全隐患。达到沉陷稳定状态的，可采取土地平整，或保留水面改造成鱼塘、蓄水池等治理措施。已稳定的地面沉陷区用废石、废渣、废土和削方岩土等进行充填作土地平整时，应作适当的碾压或分层碾压。

二、地形地貌重塑工程

根据矿山地形破坏方式与损毁程度，结合矿山周边特点，通过场地平整、土石方配置、田埂修筑、客土回填、新建围挡、拆除废弃建筑物等工程措施进行地形地貌重塑。

1. 场地平整

在场地平整时，合理配置土石、剥离表土，先将表土单独堆放，待平整完成后，再均匀摊铺。场地平整主要包括：人工平整和机械平整。场地平整通常采取人工平整为主，机械平整为辅的施工措施。

2. 土石方配置

矿区开挖、削坡产生的碎石，就近堆放，若有回填需要，可优先利用，量不足时可从离得比较近的修复点转运进行回填。

3. 田埂修筑

设计梯田，主要是将原有农村宅基地复垦后改为水平梯田。梯田的田面长度根据地形确定，宽度根据坡度确定，一般不小于5.0m。

4. 客土回填

项目区为矿区，耕地有机质含量低，土壤保水性能差，将对区域进行客土有效土层（黏土）回填，厚度0.60m，客土培肥，保证耕地pH值及有机质含量。

5. 新建围挡

对自然恢复模式区域，采取封闭修复场地的措施。南宁市废物矿山生态修复项目规划一种规格的围挡，围挡隔离网采用Q235低碳冷拔钢丝，防腐采用浸塑处理，浸塑丝径4.8mm，立柱采用0.06m的钢管，立柱基础采用C20混凝土现浇。

6. 拆除废弃建筑物

拆除治理区域废弃建筑物前，首先要进行现场勘查，了解建筑物的结构、面积、周边环境等基本情况。根据现场勘查结果制定拆除方案并做好安全保障措施。拆除完毕后,对有场地填埋平整需求的废弃物就地填埋,若无需求,应将废弃物清运至最近消纳场进行处理。

三、土壤重构工程

矿山生产造成大规模土地资源及植被的破坏,主要体现为土壤质量的下降及植被破坏,因此治理工程主要针对这两点进行。常用的土壤重构工程措施包括土壤重构、土壤改良等。

1. 土壤重构

坡度小于30°的较为平缓的区域可进行直接覆土种植,对土壤条件较好的区域可利用原状土壤进行土地翻耕及土壤改良,以满足植物生长需求,对土壤条件较差区域进行表土覆土及植被恢复。对于原状土壤较少需要客土的,客土来源应就近选取20km以内最近的取土场;采用外购土壤进行耕地复垦,需要对其进行检测,检测指标为《土壤环境质量 农用地土壤污染风险管控标准(试行)》(GB 15618—2018)中规定的基本项目,包括镉、汞、砷、铅、铬、铜、镍、锌等元素;对恢复为耕地的区域根据土地复垦质量标准要求进行表土覆土及土壤改良。对坡度大于30°的区域,采用鱼鳞坑栽植技术,同时对坑内回填土进行改良。

2. 土壤改良

在矿山地貌重塑基础上,依靠本地的岩土条件、水热与温湿条件等,充分利用采矿剥离的表土和采矿遗留的废石(渣)、尾矿砂(渣)、粉煤灰等固体废弃物,通过培肥改良、土层置换、表土覆盖、土层翻转、化学改良、生物修复等措施,重构土壤剖面结构与土壤肥力条件。不同场地的土壤重构可根据场地修复用途确定重构措施,不同用途的土地复垦质量控制标准按照《土地复垦技术要求与验收规范》(DB45/T 892—2012)、《土地复垦质量控制标准》(TD/T 1036—2013)的要求改良,具体见表5.1。

表 5.1 旱地、林地和草地复垦标准表

质量指标		旱地	林地	草地
耕作田(地)块坡度		≤5°	≤25°	≤35°
田(地)块面积/亩		依实际定	依实际定	依实际定
格田(地)面平格度/cm		±10		
耕(表)层厚度/cm		25~30		
耕(表)层质地		砂黏适中、壤土(轻、中、重质)		
耕(表)层石砾量/%		≤10	≤20	≤20
土层厚度/cm		≥50	30~50	>20
障碍层		40cm内无障碍层		
石质田坎	块石要求	石材坚硬,无风化,长边不小于25cm		
	丁字石设置	每5m最少设置丁字石一处		

续表 5.1

质量指标		旱地	林地	草地
土质田坎	土质要求	土质较黏,无草根烂叶		
	压实度	不小于0.9		
田坎(埂)顶宽/cm		30~40		
灌溉设计保证率		关键水灌溉		
土壤pH(水浸)		6.0~8.0		
排水设施		排水设施满足排水要求,防洪标准为10年一遇		
控制水土流失措施		有		
土壤有机质/(g·kg^{-1})		15~20	10~15	5~10
植被恢复效果（一年后评价）			苗木成活率85%	三年后覆盖率85%以上
产量		农作物产量和林、草生长量达到周边同类土地中等水平,农产品和牧草符合国家标准		

四、植被重建工程

1. 植被重建方案

(1)坡度30°以下直接覆土种植。对于需要植被重建的坡度30°以下矿山,对土地进行平整后,根据场地土壤现状、恢复土地利用类型确定回填土层厚度,需要配合覆土的按要求进行。回填满足植物生长的种植土,种植先锋固土的草本、灌木、乔木,形成多孔稳定土壤结构。具备条件的可采用撒播草籽等措施修复。

(2)坡度30°~45°鱼鳞坑栽植。对于需要植被重建的坡度30°~45°矿山,主要采用鱼鳞坑栽植技术复绿,土层较厚、立地条件具备的,可直接补植补播。具备条件的可采用撒播草籽等自然恢复措施修复。

(3)坡度45°以上因地制宜。对于坡度45°以上矿山,以消除地质环境问题为主,有条件地利用岩石裂隙、坡面平台进行点状复绿,植物以藤本植物为主。对于部分边坡已经稳定的陡坡,避免过度修复,可通过使裸露岩石自然氧化,与周围山体融为一体。

2. 植被选择

为恢复矿区生态环境,加强边坡进度和复绿效果,通过对治理区现状植物调查,选择适合本地的乡土树种作为先锋树种。本方案设计种植种类为:灌木种植(车桑子:苗高约35cm)、乔木种植(小叶榕:胸径1.5~2cm,高度50~80cm,小冠)、攀援植物种植(蛇藤小苗60~90cm),乔木种植间距为6~10m,本灌木种植间距为1.5~2m,蛇藤,种植间距为1.0m/株,并施用商品有机肥量5.5kg/100株。植被种植时间:最好在4~5月内完成为宜,选择明天、雨后初晴天气栽植,做到苗正、根舒、深戴、压实。

3. 后期管护

对绿化工程的管护主要包括成活期和生长期两个阶段。成活期管护包括施肥、防治病虫害、树桩绑扎、加土扶正、灌溉浇水等。生长期管护包括修枝、密度调控、林木更新、病虫害防治等,其中对草本植物管护包括土壤破除表土板结、病虫害防治等。木本植物群落型(乔灌草和灌草型)、草本植物群落型(草本及灌草型)管理期限宜为3年。

五、矿山损毁土地复垦工程

根据项目区历史遗留废弃矿山损毁地类及实际挖损破坏情况,原则上修复为原来的土地类型,如场地无法满足条件,针对部分较平整、土地资源较为充分的矿山区域,或者现状已经是耕地,适宜恢复耕地区域,采用矿山土地复垦技术方案。也可以根据土地利用性质、周边环境条件及综合利用发展方向,将符合条件的区域复垦利用为农用地。

治理思路:通过清理矿区内斜坡上浮石、危岩体,拆除矿区内废弃的工业设施,土地平整工程平整场地,通过覆土保证耕地土层厚度,土壤培肥工程改良土壤有机质,以及排水工程将可以恢复为耕地区域恢复为耕地,种植甘蔗、玉米、红薯叶等。采用的主要工程措施有:矿山地质安全隐患治理工程、拆除工程、土地平整工程、客土回填工程、土壤改良工程、灌溉排水工程、后期监测管护工程。

通过采取因地制宜、技术合理、经济可行的矿山土地复垦方案,能够有效消除地质安全隐患,解决压占土地资源与农田损毁问题,缓解水土流失问题,补充耕地数量,提高土地资源的利用率。

六、高陡边坡生态修复

1. 边坡防护

高陡边坡植被恢复工程施工图设计,应按《岩土工程勘察规范》(GB 50021—2001)、《建筑边坡工程技术规程》(GB 50330—2013)、《滑坡防治设计规范》(GB/T 38509—2020)标准并参照《危岩防治工程技术规范》(DB45/T 1696—2018)进行危岩体规模等级划分、危岩体类型划分。边坡稳定性评价,应符合下列要求:①未达到稳定状态的边坡应先进行治理;②边坡治理工程应为植被重建设计、施工及植物生长创造有利条件。

应根据边坡生态条件、岩体物理力学性质、坡体结构特征及结构面发育情况、边坡高度、边坡坡度、岩层产状等因素选择边坡防护类型,确定边坡防护工程等级。

2. 高陡边坡生态修复技术措施

(1)开采面中上部为坡度70°以上的裸露陡崖区域,施工难度大,在确保无地质安全隐患或地质安全隐患无威胁对象的情况下实施自然恢复,经自然风化作用等形成生物结皮或星点植被,尽可能达到与周边山体环境相协调的效果,避免不计成本的过度人工景观化。

(2)开采面 35°~70°坡度区,可根据需求采用喷播法、台阶法、穴槽法等必要的工程修复技术,改良植物立地环境,留出植被根系发育的空间,采用常规植树种草等技术,达到恢复和改善自然地貌的目的。

(3)开采面坡度 35°以下区域不属高陡边坡,宜根据国土空间规划要求采取转型利用等生态修复措施。

3. 坡脚生态修复技术措施

(1)在开采面的坡脚平台、废石堆放场中水土积聚条件较好的区域,进行土地平整、土壤重构后,选择适合本地的乔、灌、草物种,实施一定程度国土绿化,也可采用经济林种植等植被营建技术。

(2)采场凹坑在辅以必要的修复措施后,如长期积水,可留作水塘,作为矿山生态管护的灌溉水源,条件允许的,可引入渔业养殖。

4. 高陡边坡植被重建方法

(1)高陡边坡修复:地形地貌较好的地段宜作为矿山遗迹保留原貌,可通过人工措施引种苔藓类藤蔓类植被,实现复绿后与周边山体融为一体。

(2)溶沟、溶槽法修复:就地利用喀斯特地区碳酸盐岩构造节理裂隙、溶沟、溶槽和内部溶腔种植植被。

(3)微地形修复:直接在坡面微凹处用水泥砂浆砌石建造种植槽穴,覆土后进行植被重建。

(4)光滑石壁修复:在平整光滑石壁上,打入锚杆,用水泥砂浆或混凝土浇筑种植槽穴,覆土后进行植被重建。

(5)藤本植物攀附法:利用吸附类及攀缘类藤本植物,通过其自身植物组织具有的吸盘或气根攀附坡面生长,或是沿坡面设置牵引设施牵引藤蔓生长,恢复坡面植被。

七、配套设施

1. 灌溉排水工程

根据场地汇水条件及区域降水情况,在各修复图斑内布置截排水措施,并在场地低洼处设置汇水收集措施,收集坡面汇水,作为后续养护灌溉用水。

截水沟采用矩形断面:宽 0.4m,深 0.4m,渠身采用 C20 混凝土,C20 现浇混凝土底板,底板厚 0.1m;未处理软化路基,加速下部土层的固结与沉降,渠道设置碎石垫层,厚度为 0.1m;混凝土底板每隔 5m 设置一道伸缩缝。截水沟沿等高线布置,保证截、排水沟顺畅,线条圆顺。

2. 田间道路工程

田间道路大部分沿用前期采矿入场道路,规划田间路面宽 3.50m,路面结构从上到下:C25 混凝土面层厚 0.20m,铺设碎石基层厚 0.15m,路基以下路床压实,路床以下深度 0~

0.8m压实度不小于95%,0.8m以下压实度不小于93%。混凝土路面每5m设置一道伸缩缝,用沥青油膏填缝,每20m设一道胀缝,用沥青木板填缝,并对路面压纹防滑。路面纵向放坡坡度不大于10%,路面横坡为1.5%,交叉口路面内边缘最小转弯半径为8m。每250～350m设一个会车平台。

3. 农田防护和生态环境保持工程

考虑到现场实际情况,规划设计1种挡土墙,挡土墙采用M7.5浆砌石材质砌筑梯形墙身,基底进入坡脚实土层0.8m,基底力求粗糙。墙趾位于地面沿路线方向有坡时,挡土墙的基底应做成不陡于5%的纵坡,若地面坡度大于5%时,应将基底随地形变化做成台阶,每一台阶的水平长度不宜小于1m。在墙身适当高度,设置泄水孔,泄水孔采用直径为100mm的PVC管,孔眼间距为2～3m,上下排交错梅花状设置,最下一排泄水孔高出地面或边沟内水位300mm,泄水孔进水口填适量碎石,以利排水。

八、管护工程

管护工程主要包括工程设施维护和植被养护。

管护对象:工程设施维护主要针对主要支护加固工程、截排水工程、地貌重塑工程、土壤重构工程和相关配套附属设施等;植被养护主要针对甘蔗、蛇藤、车桑子和小叶榕采取植被管护措施。

管护内容:工程设施维护人员按照工程设计和运行要求进行定期检查和维护,发现工程设施运行不正常或损毁,应及时修复或替换。植被养护人员应对甘蔗、蛇藤、车桑子和小叶榕进行抚育护理,包括补植、修枝、施肥、灌溉、间伐、病虫害防治、防火、防止人畜践踏和毁坏,以及修复自然灾害造成的损毁等,并将管护情况填入记录表。

植被养护补种:栽植后应及时进行成活率检查,成活率达不到要求的,应进行补植,对于造林失败的,应进行重造,补植苗木的规格应与存活苗木的规格一致。管护时补种率为10%。

管护方法:主要是采取人工巡视、管理的方法。

管护频率:一年2次。

管护时间:3年管护期。

第三节 技术与模式创新

一、矿山石漠化治理主要思路

根据喀斯特矿山石漠化特点,遵循喀斯特土地自然规律,坚持保护优先、自然恢复为主的"山、水、田、林、湖"生态保护和修复的系统综合治理思路,通过生物治理、工程治理等技术措施,采取地形地貌重塑、地表植被恢复治理和土地复垦转用等方式,实现标本兼治和综合防治。

1. 地形地貌重塑治理

针对露天采场挖损及废（矸）石堆压占造成的地形地貌破坏，通过重塑地形地貌，减少水土流失，使原来不具备植物生长的地方重新具备植被生长的地形条件。对面积较大的积水采坑保留为农业灌溉用水塘，重塑为水利设施；面积较小的积水采坑及非积水采坑实施废石（渣）回填、上覆客土重塑地形地貌；对区内体量大且与周边地形非常不协调的废（矸）石堆采取分级整坡，使工作区与周边自然地形平缓过渡，尽量具备植被重新生长的地形条件。

针对边坡碎石区域，则在保护好现有植被的条件下，选择根系发达的低矮灌木和草本（藤本）进行治理；对于陡坎和石壁顶部采取开挖排水沟，清除地质灾害隐患物，如大树、单个岩石等；同时，陡坎和石壁可通过增加坡面的接触面或其他工程措施为林草植被生长创造环境，在保证安全稳定的条件下，加快林草植被恢复。

2. 地表植被恢复治理

通过加强植树造林建设，增大森林植被覆盖面积，改善生态环境，有效治理石漠化。针对挖损、压占土地植被资源严重难以自然恢复的，通过场地修整、覆土，植树种草等人工辅助措施恢复植被。针对非金属矿采场的植被恢复：对开采边坡进行削坡或分级放坡，底部进行土地平整，场地内修排水沟，然后进行覆土及植被恢复，种植固碳能力强的灌乔木等当地优势树种。针对废（矸）石堆植被恢复：在废（矸）石堆进行分级放坡＋坡面绿化＋截排水沟的治理工程，随后覆土，再根据坡度的不同可恢复为灌木林地或乔木林地。针对金属矿区重金属污染土地植被恢复：采取勘查措施对场地污染程度进行鉴别，对于污染程度严重的场地栽植重金属吸附能力强且耐旱耐贫瘠的灌木，对于污染较轻的区域种植普通的耐旱耐贫瘠的乔木。

3. 土地复垦转用

通过土地复垦和转型利用，可以缓解区域内用地需求，减少新增用地需求对植被的破坏及加剧水土流失和石漠化进程的问题。区域地处丘陵山地带，为缓解用地矛盾，对于在无石漠化或者石漠化轻微区的砂石土矿采场、废弃矿场、废弃矿部等地形起伏不大且靠近村落和耕地的区域，根据场地现状条件及规划发展需求，复垦为旱地，并修建灌排工程及生产道路。对现有建筑完好、当地群众有需求的可考虑转型为农用设施用地或建设用地；邻近开发园区、城市周边的废弃矿区，综合矿区属性、当地规划等因素转型为建设用地；邻近村庄、交通条件较好且无安全隐患的废弃矿区域转型为农村宅基地。

二、喀斯特地区高陡立面边坡生态修复技术

南方喀斯特地区矿山具有山体陡峭坡度大、覆盖土层薄、蓄水条件差的特点，针对此种情况，开创性地提出了高陡立面边坡生态修复技术，对于南方丘陵山地带矿山生态修复具有一定示范作用。

1. 技术方案

生态布局上按照平面分区、垂向分层原则设计和施工,加强修复效果的整体性。

在生态修复材料选择上,选择矿山原位土壤、废弃的废渣、废石等废料,适当添加黏性物、生态环保填料等材料,优化土壤的水肥能力和配比,既消耗废料又实现了资源最大化利用。

在生态修复物种上,选择本土优势生物物种,避免引入生物入侵品种,在种群配置上,加强乔、灌、草、藤本等物种配置,同时给生态演替预留足够的空间。

在生态修复技术上,采用原位溶槽矿山生态修复技术,综合采用喷播、三维植被护坡、岩质边坡聚合生态防护等技术组合,在不同地形部位采用不同适宜性的生态修复技术,充分利用自然的力量达到可持续的修复效果。高陡边坡坡顶、坡脚、坡底整体的治理技术方案详细示意图如图 5.2 所示。

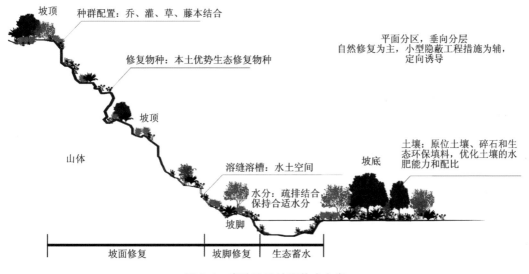

图 5.2 高陡边坡治理技术方案

2. 主要措施

1)地形地貌重塑工程

对坡度大于 75°的高陡边坡,不宜进行土方处理。对于地形较好的地段宜作为历史遗迹保留原貌;对于地形不好的地段施工难度大,采取搁置实施自然恢复;经自然风化淋滤作用与星点植被自然恢复达到与周边山体近于一致的效果,避免不计成本的过度人工景观化。

针对矿山下部削凸起及不稳定边坡的区域,采用削坡处理,削坡坡高、坡形根据岩土条件确定,可采用直线形、阶梯形削坡,削坡区坡顶、侧边界应与周边稳定的坡体自然衔接,不形成陡坎。对于微风化、弱风化岩层(较新鲜基岩),边坡坡率为 1∶0.3～1∶0.5;对于强风化岩层(碎、砾石土状),边坡坡率为 1∶0.75～1∶1;对于残坡积土层或全风化岩层(土状),边坡坡率为 1∶1～1∶1.5。

针对矿山开采面的坡脚平台、坡洪积松散物堆积等水土积聚条件较好的区域,消除堆积物不稳定因素,进行土地平整。

2. 植被重建

对坡度小于30°的区域进行直接覆土植被穴植,对土壤条件较好的区域可利用原状土壤进行土地翻耕及土壤改良,以满足植物生长需求,对土壤条件较差区域进行表土覆土及植被恢复。

对坡度为30°～45°的坡体采用鱼鳞坑栽植技术进行复绿。

对坡度45°以上矿山,有条件地利用岩石裂隙、坡面平台进行点状复绿,植物物质以藤本植物为主,选择蛇藤小苗等攀援植物和芒草等草本植物种植;对部分边坡已经稳定的陡坡,避免过度修复,可通过裸露岩石自然氧化风化,山体颜色逐渐与周围融为一体。

三、微生物结皮生态修复技术

1. 技术特点

陡坡生态修复面临的最大难题是坡面角较大,坡体光滑且坚硬的高陡边坡,土体很难在坡体上黏结成一定厚度,土体在表面受雨水冲刷很容易脱落。通常情况下坡体生态修复采用格构梁,并在坡体上施工长锚杆固定,格构之间采用覆土植被等措施,该方案成本较高,特别是对于大面积的露天矿山岩体,生态修复成本负担更重。微生物结皮生态修复技术是基于广西的自然环境及矿山治理难点应运而生的一项新型矿山生态修复技术,是废弃矿山生态化治理的一项极其富有生态价值和创新意义的新兴技术措施。

南宁属于亚热带气候,光照丰富、温度较高、降雨多,适合微生物繁殖,从底层逻辑上有利于微生物技术的应用,这是得天独厚的自然条件。本示范工程项目所采用的微生物结皮生态修复技术,通过筛选驯化属地内源微生物,进行多种菌种复配,形成全新功能微生物菌群,构建健康的底层微生物生态系统,实现保水固土、改善生态环境、促进植物根系发展,实现自然修复。通过3个月到1年的生态修复,能够有效增加矿区的植被覆盖度,有效减弱水土流失,实现矿山生态系统的明显修复。

2. 技术原理

废弃矿山由于长期缺乏有效的环境管理措施,其所在区域遭受了持续的水土流失,这一过程严重破坏了当地的生态系统平衡。特别是在生态金字塔的最底层层面,微生物生态系统受到了根本性的影响,最底层的微生物生态系统无法承担保水、碳汇、固氮、维持土壤结构、支撑植物生长等功能。这些微生物群落在健康土壤中扮演着至关重要的角色,包括维护水分平衡、作为碳汇吸收大气中的二氧化碳、通过固氮作用促进植物生长、维持土壤结构以及提供必要的营养支持植物生长等。然而,当这些微生物的生态功能遭到破坏时,土壤的自我恢复能力将大幅下降,矿山的生态功能被破坏后,仅依靠传统的植被恢复措施,单纯种草植树很难存活。

在这种情况下,如果采用传统的植被恢复手段,比如单一地播种草本植物或树木,很难达到预期的修复效果。这是因为受损的土壤环境无法提供足够的支持,使得新植植被成活率低,更不用说发挥其生态功能。因此,矿山生态修复需要一个更为综合的方法,不仅要考虑植被的重新引入,还需要重建微生物群落,恢复土壤的生物化学循环及其肥力,并且通过工程措施减少进一步的侵蚀和流失,实现一个自我维持和长期稳定的生态系统,让废弃的矿山地区得以真正的复苏和再生。

该技术利用微生物结皮生态修复技术重构底层微生物生态系统,将人工干预降至最低,以生态系统中的自然演替为思路,将因矿山建设影响的生态系统修复如初,与周边原生生态系统融为一体,从而实现固氮、固碳、改良属地微环境土壤的功能,高等级的草本及木本植物会逐步恢复,重新构建生态群落。

3. 主要措施

该技术施工流程短、工程措施少、后期维护成本低、可持续性强,一般每年开春开始施工,至秋季结束施工,微生物可在修复环境长期存活,且对各季节高温、低温天气均可耐受,微生物修复后可降低土壤渗透系数,实现表层土壤的紧密团聚,避免雨水渗入土壤内部,具有抗雨水冲刷的效果。主要措施如下。

(1)破损生态区属地微生物筛选(骨架功能微生物)。

(2)修复功能微生物复配体系构建(修复功能微生物与属地骨架功能微生物复配)。

(3)现场大规模修复菌液扩培。通过筛选属地解磷菌、解钾菌、固碳菌、固氮菌及光合细菌等,通过选育及复配功能菌群,重构良性健康的底层微生物生态系统。

(4)菌液喷淋。通过集中式微生物菌剂扩大培养装置,利用菌剂大规模培养与可控喷淋智能化装备,实现可移动式微生物菌剂现场喷淋。

4. 效果评估

利用微生物结皮生态修复技术开展矿山生态修复后,通过监测植被的恢复情况,对其可持续性进行综合评估,以保证修复工作的可持续性和成功性(图5.3)。整个监测过程分为4个周期,总修复周期约为1年,具体如下。

(1)监测初期:微生物体系与破损生态区土壤充分混合后,持续反应时间计划为2~3个月,该阶段土壤中微生物环境为初步形成阶段。取样频次为每周1次,合计取样8~12次。

(2)监测中期:该阶段土壤中微生物环境处于相对稳定的阶段,持续时间计划为4~6个月。取样频次按照每两周1次,合计取样8~12次。

(3)监测后期:该阶段微生物重构修复系统,持续时间计划为2~3月,取样频次按照每两周1次,合计取样4~6次。

(4)监测终点:石壁裂隙发育区植被恢复效果趋于平稳,可申请验收。

四、矿山修复与光伏风电资源开发结合

"十四五"时期,我国生态文明建设进入了以降碳为重点战略方向、推动减污降碳协同增

图 5.3 微生物结皮生态修复技术实施效果

效、促进经济社会发展全面绿色转型、实现生态环境质量改善由量变到质变的关键时期。南宁矿山废弃地可恢复与可利用潜力巨大,高效利用太阳能、风能和石漠化区域土地资源,建设光伏风电基地并立体发展种植业、养殖业等,对解决石漠化区域生态修复和保护,提高利用立体空间利用率,带动区域高质量发展具有积极意义,是实现"双碳"目标和实现生态文明战略目标的绝佳路径。同时光伏风电资源开发项目的土地租金收益一定程度上破解了矿山生态修复资金不足的难题。

1. 光伏+矿山林草植被修复模式

光伏+矿山林草植被修复模式主要在坡度 25°以上地块建设,包括"光伏+灌木林地""光伏+草藤植被"两种模式:一是 25°～45°坡度光伏+油茶茶光互补技术,光伏支架高度 3m,具体为通过油茶整形修剪矮化技术实现"控高扩冠",如图 5.4 所示。目前云南、贵州等地成熟经验可保持油茶高度 2m 以内,同时符合《自然资源部办公厅等联合印发关于支持光伏发电产业发展规范用地管理有关工作的通知》光伏支架最低点应高于灌木高度 1m 以

图 5.4 光伏+油茶茶光互补技术示意图

上的要求;二是 45°以上坡度光伏+草藤植被恢复技术,如图 5.5 所示。光伏支架高度 1m,具体为地面种植草藤植被,光伏支架最低点高于地面 1m 便于植被生长。通过光伏+矿山林草植被修复模式,对于促进生态恢复有以下 3 方面优势。

(1)利用光伏板,遮挡强降雨对于坡面的冲刷,解决坡面水土流失问题;

(2)利用光伏板的遮阴效果,解决岩质边坡表面温度高,植被种子、幼苗期易枯死问题;

(3)利用光伏板集雨槽构建雨水集蓄系统,将降水收集用于管护期经济林和植被灌溉,提高植被恢复成活率。

光伏板雨水集蓄利用方式如图5.6所示。

图5.5　光伏+矿山陡坡生态修复示意图　　图5.6　光伏板雨水集蓄利用系统示意图

2. 光伏柔性支架技术

支撑系统包括高(低)柱、中间摇摆柱、预应力钢索、地锚、纵(横)向拉杆等;为了控制柔性支撑系统钢绞线的垂度和变形,减小其内力,单跨跨度一般在16~25m,连续长度较长时可采用二跨、三跨,甚至更多中支撑采用摇摆柱简化其受力,单位兆瓦的用钢量可控制在25~28t。柔性支架系统具有安全可靠、性价比高、施工便捷等突出特点,能够很好适应25°坡度以上喀斯特石漠化地区矿山边坡条件。

第四节　典型工程设计方案

一、石灰岩矿高陡边坡修复典型设计方案

1. 图斑概况

石灰岩矿高陡边坡修复典型设计方案图斑(典型图斑1)位于上林县镇圩乡正万村和洋造村,该图斑为露天开采石灰岩矿,面积4.881 7hm^2,现状地类为旱地、乔木林地、灌木林地、工业用地和采矿用地。

该矿山生态修复项目北部存在"一面墙"边坡,边坡高度10~60m,边坡坡度40°~75°,局部边坡上存在危岩,危岩方量约2 671.92m^3,采场底部平台较为平整,底部平台修复条件较好。该石场主要存在崩塌、危岩等地质安全隐患,区域土地损毁、植被破坏严重。图斑影像如图5.7所示。

2. 治理方向

按照国土空间规划"三区三线"管控要求和土地适宜性评价结果,确定修复方向为耕地、林地、草地。

图 5.7 典型图斑 1 正射影像图

3. 工程措施

结合该图斑主要生态问题,本矿山生态修复方案拟采取危岩清除、边坡修整、回覆客土、种植植被、坡面微生物结皮生态修复等工程技术措施对地质安全隐患进行消除,对地形地貌进行修复,对土地资源进行复垦,盘活土地资源。

1)矿山地质安全隐患消除

(1)危岩清除工程。上林县镇圩乡江六采石场北侧边缘存在两处危岩,危岩方量约 2 671.92m³,为防止其威胁下方过往行人及车辆,本方案设计对危岩体进行清除,主要采取人工结合机械进行清除。人工清除主要是对浮石、滚石和碎裂化岩石面上体积较小的危岩采用人工破碎、清运的方法;机械清除主要包括用切割机切除危岩。

(2)坡面台阶平整工程。该石场北部存在"一面墙"边坡,边坡高度 10~60m,边坡坡度 40°~75°,结合坡面现状,本方案在坡面上开凿+360m 台阶和+330m 台阶,降低单级边坡高度,避免"一面墙"边坡,同时台阶平台可作为植物生长的场所。经统计,需开挖面积约 1 460.64m²,平均开挖厚度约 3.0m,工程量为 4 381.92m³。

2)地形地貌重塑

(1)边坡修整工程。上林县镇圩乡江六采石场中部靠近底部平台附近边坡凹凸不平,为满足修复复垦条件,需对该区域边坡修整处理,平均修整厚度约 3.0m。经统计,需修整面积约 0.186 0hm²,工程量为 5580m³。

(2)土地平整工程。为满足耕地复垦条件,本方案对项目区底部平台区域采取开挖高填低工程措施,将开挖的土石方直接用于填低缓区域,经统计,挖方工程量为6 369.19m³。为保证修复单元有利于植被的生长,本方案设计对本石场低缓区域修复范围采取挖高填底的平整工程措施,平整面积2.583 2hm²。

3)土壤重构

(1)客土工程。针对恢复为旱地的区域进行客土回填,确保修复后旱地有效土层(黏土)厚60cm,其中耕作层厚度为30cm;针对修复为林地的区域按照穴位进行客土回填,乔木按照株距2m、行距3m计算,每个穴位60cm×80cm×60cm客土,灌木按照株距1m、行距1m计算,每个穴位40cm×60cm×60cm客土。经统计,需要耕植土客土4 489.29m³,黏土客土5 659.05m³。经调查,本石场生态修复客土来源为南宜高速(经大丰、塘红乡、三里镇、明亮镇、巷贤镇)工程弃土,运距约34km。

(2)培肥。对修复为旱地的区域内施用有机肥和复合肥进行培肥,每亩施用有机肥500kg,复合肥100kg;对修复为林地区域内施用复合肥进行培肥,每亩施用复合肥150kg。本图斑修复为旱地1.151 1hm²,需要有机肥8.63t,需要复合肥1.73t;修复为林地1.516 2hm²,需要复合肥3.41t。

4)植被重建

(1)平台及缓坡植被恢复。根据当地植被种植情况,拟修复为旱地范围均设计种植甘蔗,每亩种植1500株;拟修复为乔木林地的范围均设计种植小叶榕,按株距2.0m×3.0m坑栽植,同时撒播草籽进行复绿;拟修复为灌木林地的范围种植车桑子,按株距1.0m×1.0m坑栽植,同时撒播草籽进行复绿;拟修复为其他草地区域采取撒播草籽的方式进行复绿,防止水土流失;对于台阶边坡采取种植蛇藤的复绿措施,即在坡脚沿线种植蛇藤,按1株/m的密度种植。经统计,本图斑修复为旱地1.151 1hm²、乔木林地1.157 8hm²、灌木林地0.358 4hm²、其他草地1.859 9hm²,则种植甘蔗25 900株、小叶榕1930株、车桑子3584株、撒播草籽3.376 1hm²;边坡长度917m,则种植蛇藤工程量为917株。

(2)边坡植被恢复。对本石场已经稳定的陡坡,本方案采取坡面微生物结皮生态修复技术对坡面进行复绿。

5)配套设施

(1)灌溉排水工程。本典型图斑截水沟采用矩形断面:宽0.4m,深0.4m,渠身采用C20混凝土,C20现浇混凝土底板,底板厚0.1m;未处理软化地基,加速下部土层的固结与沉降,渠道设置碎石垫层,厚度为0.1m;混凝土底板每隔5m设置一道伸缩缝。截水沟沿等高线布置,保证截、排水沟顺畅,线条圆顺。

(2)围挡(隔离网)工程。为避免人员靠近边坡,在坡脚周边建设隔离网,隔离网孔的规格为75mm×150mm长方孔,网片与立柱采用高强不锈钢丝卡子现场连接,隔离网立柱基础采用C20混凝土现浇,隔离网本身采用Q235低碳冷拔钢丝,防腐采用浸塑处理,浸塑丝径4.8m。

4. 工程量及设计方案

石灰岩矿高陡边坡修复工程量详见表5.2,方案实施前后土地利用结构对标详见表5.3。上林县镇圩乡江六采石场的土地复垦规划利用代表性设计方案如图5.8所示。

表5.2 典型图斑1工程量表

工程措施		单位	工程量合计
矿山地质安全隐患消除	危岩清理（就近堆放）	m³	2 671.92
	边坡台阶平整开挖	m³	4 381.92
地形地貌重塑	场地平整（场地开挖平整）	m³	6 369.19
	场地平整	hm²	2.583 2
	边坡修整（就近堆放）	m³	5580
土壤重构	30cm 客土回填（黏土）	m³	5 659.05
	30cm 客土回填（耕植土）	m³	4 489.29
	覆土植被穴植挖石方（就近堆放）	m³	1 169.76
	覆土植被穴植回填土（客土回填）	m³	935.81
	培肥（每亩0.5t有机肥）	t	8.63
	复合肥（农作物每亩0.1t复合肥）	t	1.73
	复合肥（林地每亩0.15t复合肥）	t	3.41
植被重建	播撒草籽	hm²	3.376 1
	边坡植被恢复（坡面微生物结皮生态修复）	hm²	0.832 4
	攀援植物种植（蛇藤）	株	917
	灌木种植（车桑子）	株	3584
	乔木种植（小叶榕）	株	1930
	种植农作物（甘蔗）	株	259 00
生态修复监测与管护	植被监测	次	2
	地质安全监测	次	1
	播撒草籽（芒草）	hm²	0.337 6
	攀援植物种植（蛇藤）	株	92
	乔木种植	株	193
	种植农作物（甘蔗）	株	2590
配套附属工程	灌溉排水工程（排水沟）	m	532
	农田防护和生态环境保持工程（围挡）	m	510

表5.3 典型图斑1实施前后修复单元土地利用结构调整表

一级类		二级类		现状		规划		变化情况	
地类编码	地类名称	地类编码	地类名称	面积/hm²	占比/%	面积/hm²	占比/%	面积/hm²	占比/%
01	耕地	0103	旱地	0.010 4	0.23	1.151 1	25.43	1.140 7	25.20
03	林地	0301	乔木林地	0.000 5	0.01	1.157 8	25.57	1.157 3	25.56
		0305	灌木林地	0.467 6	10.33	0.358 4	7.92	−0.109 2	−2.41
04	草地	0404	其他草地			1.859 9	41.08	1.859 9	41.08
06	工矿用地	0601	工业用地	0.019 4	0.43	0	0.00	−0.019 4	−0.43
		0602	采矿用地	4.029 3	89.00	0	0.00	−4.029 3	−89.00
总计				4.527 2	100.00	4.527 2	100.00	0	0

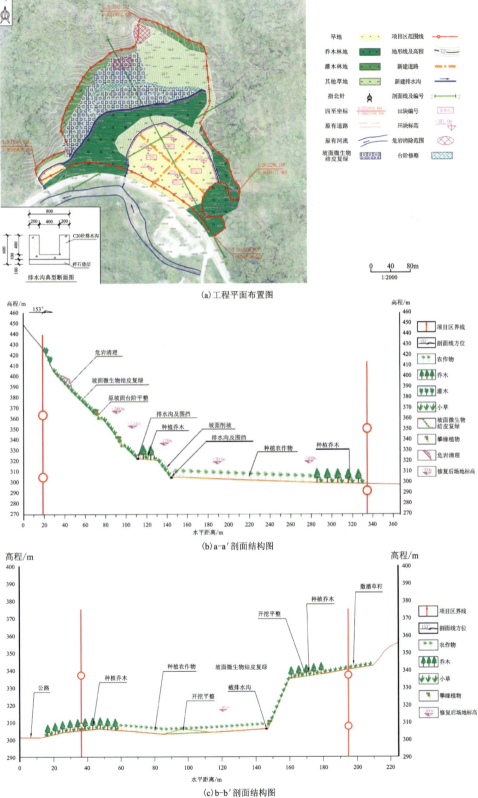

图 5.8 上林县镇圩乡江六采石场的土地复垦规划利用代表性设计方案

二、黏土矿耕地修复典型设计方案

1. 图斑概况

黏土矿耕地生态修复典型图斑(典型图斑2)位于上林县三里镇高仁村,该图斑为露天开采黏土矿,面积 8.147 6hm²,现状地类为旱地、乔木林地、灌木林地、其他草地、公路用地和农村道路。

该区域现状地形较平坦,在矿山西南面局部有一处黏性土质边坡,边坡高度 5~15m,边坡坡度在 35°~45°之间,存在地形地貌景观破坏、土地资源破坏等问题。图斑影像如图 5.9。

图 5.9 典型图斑 2 正射影像图

2. 治理方向

按照国土空间规划"三区三线"管控要求和土地适宜性评价结果,确定修复方向为耕地、林地、草地和公路用地。

3. 工程措施

结合该图斑主要生态问题,本方案拟采取采场边坡修整、回覆客土、土壤重构和种植植被等措施对土地资源进行修复,盘活土地资源。

1)地形地貌重塑

(1)土地平整工程。本矿山西南边坡为黏性土质边坡,拟复垦为旱地,设计对边坡突出部分进行开挖修整平整,规整旱地形状。经统计,需开挖修整平整面积约 5866m^2,平均开挖深度约 12m,工程量为 70 392m^3。开挖产生的土方均匀堆放在拟修复为旱地的区域,该区域面积 7.555 1hm^2,则平均堆厚约 0.93m,满足旱地犁底层厚度(0.3m)要求。

场地修整开挖结束后,为保证各修复单元有利于植被的生长,本方案设计对各修复单元采取挖高填底的平整工程措施,平整面积为土地整治面积 7.555 1hm^2。

2)土壤重构

(1)客土工程。旱地修复单元修复后旱地耕作层厚度为 0.3m,经计算,需耕植土客土 29 464.89m^3。本石场生态修复客土来源采用南宜高速(经大丰、塘红乡、三里镇、明亮镇、巷贤镇)工程弃土,运距约 30km。

(2)培肥。对修复为旱地区域内施用有机肥和复合肥进行培肥,每亩施用有机肥 500kg,复合肥 100kg;对修复为林地区域内施用复合肥进行培肥,每亩施用复合肥 150kg。本矿山修复为旱地 7.555 1hm^2,则旱地需要有机肥 56.66t,需要复合肥 11.33t;修复为乔木林地 0.365 4hm^2,需要复合肥 0.33t。

3)植被重建

根据当地植被种植情况,拟修复为旱地范围均设计种植甘蔗,每亩种植 1500 株;拟修复为乔木林地的范围均设计种植小叶榕,按株行距 2.0m×3.0m 坑栽乔木,同时撒播草籽进行复绿;拟修复为其他草地区域采取撒播草籽的方式进行复绿,防止水土流失;对于台阶边坡采取种植蛇藤的复绿措施,即在坡脚沿线种植蛇藤,按 1 株/m 的密度种植。经统计,本图斑修复为旱地 7.555 1hm^2、乔木林地 0.144 9hm^2、其他草地 0.349 7hm^2,则种植甘蔗 169 990 株、小叶榕 242 株、撒播草籽 0.494 6hm^2;边坡长度 396m,则种植蛇藤工程量为 396 株。

4)配套设施

(1)灌溉排水工程。本图斑修复工程修建截排水沟采用矩形断面:宽 0.4m,深 0.4m,渠身采用 C20 混凝土,C20 现浇混凝土底板,底板厚 0.1m;未处理软化地基,加速下部土层的固结与沉降,渠道设置碎石垫层,厚度为 0.1m;混凝土底板每隔 5m 设置一道伸缩缝。截水沟沿等高线布置,保证截、排水沟顺畅,线条圆顺。

(2)田间道路工程。规划田间路面宽 3.50m,路面结构从上到下:C25 混凝土面层厚 0.20m,铺设碎石基层厚 0.15m,路基以下路床压实,路床以下深度 0~0.8m 压实度不小于 95%,0.8m 以下压实度不小于 93% 混凝土路面每 5m 设置一道伸缩缝,用沥青杉木板填缝,并对路面压纹防滑。路面纵向放坡坡度不大于 10%,路面横坡为 1.5%,交叉口路面内边缘最小转弯半径为 8m。每 250~350m 设一会车平台。

4. 工程量及设计方案

黏土矿耕地生态修复图斑工程量详见表 5.4,方案实施前后土地利用结构对标详见表 5.5,上林县三里利厚砖厂黏土矿土地复垦规划利用代表性设计方案如图 5.10 所示。

表 5.4 典型图斑 2 修复工程统计表

工程措施		单位	工程量合计
地形地貌重塑	场地平整（场地开挖平整）	m³	70 392.00
	场地平整	hm²	7.555 1
土壤重构	30cm 客土回填（耕植土）	m³	29 464.89
	覆土植被穴植挖土方（就近堆放）	m³	69.55
	覆土植被穴植回填土（客土回填）	m³	55.64
	拆除建筑物	m³	117.33
	培肥（每亩 0.5t 有机肥）	t	56.66
	复合肥（农作物每亩 0.1t 复合肥）	t	11.33
	复合肥（林地每亩 0.15t 复合肥）	t	0.33
植被重建	播撒草籽（芒草）	hm²	0.494 6
	攀援植物种植（蛇藤）	株	396
	乔木种植（小叶榕）	株	242
	种植农作物（甘蔗苗）	株	169 990
生态修复监测与管护	植被监测	次	1
	播撒草籽（芒草）	hm²	0.049 5
	攀援植物种植（蛇藤）	株	40
	乔木种植（小叶榕）	株	24
	种植农作物（甘蔗苗）	株	16 999
配套附属工程	截排水沟工程	m	309
	田间道路工程	m	578

表 5.5 典型图斑 2 实施前后修复单元土地利用结构调整表

一级类		二级类		现状		规划		变化情况	
地类编码	地类名称	地类编码	地类名称	面积/hm²	占比/%	面积/hm²	占比/%	面积/hm²	占比/%
01	耕地	0103	旱地	0.000 1	0.00	7.555 1	53.18	7.555 0	53.18
03	林地	0301	乔木林地	0.066 4	0.47	0.144 9	1.02	0.078 5	0.55
04	草地	0404	其他草地	0.012 6	0.09	0.349 7	2.46	0.337 1	2.37
10	交通设施用地	1003	公路用地	8.063 6	56.76	0	0	−8.063 6	−56.76
		1006	农村道路	0.004 9	0.03	0.097 9	0.69	0.093 0	0.65
总计				8.147 6	100	8.147 6	100	0.000 0	0

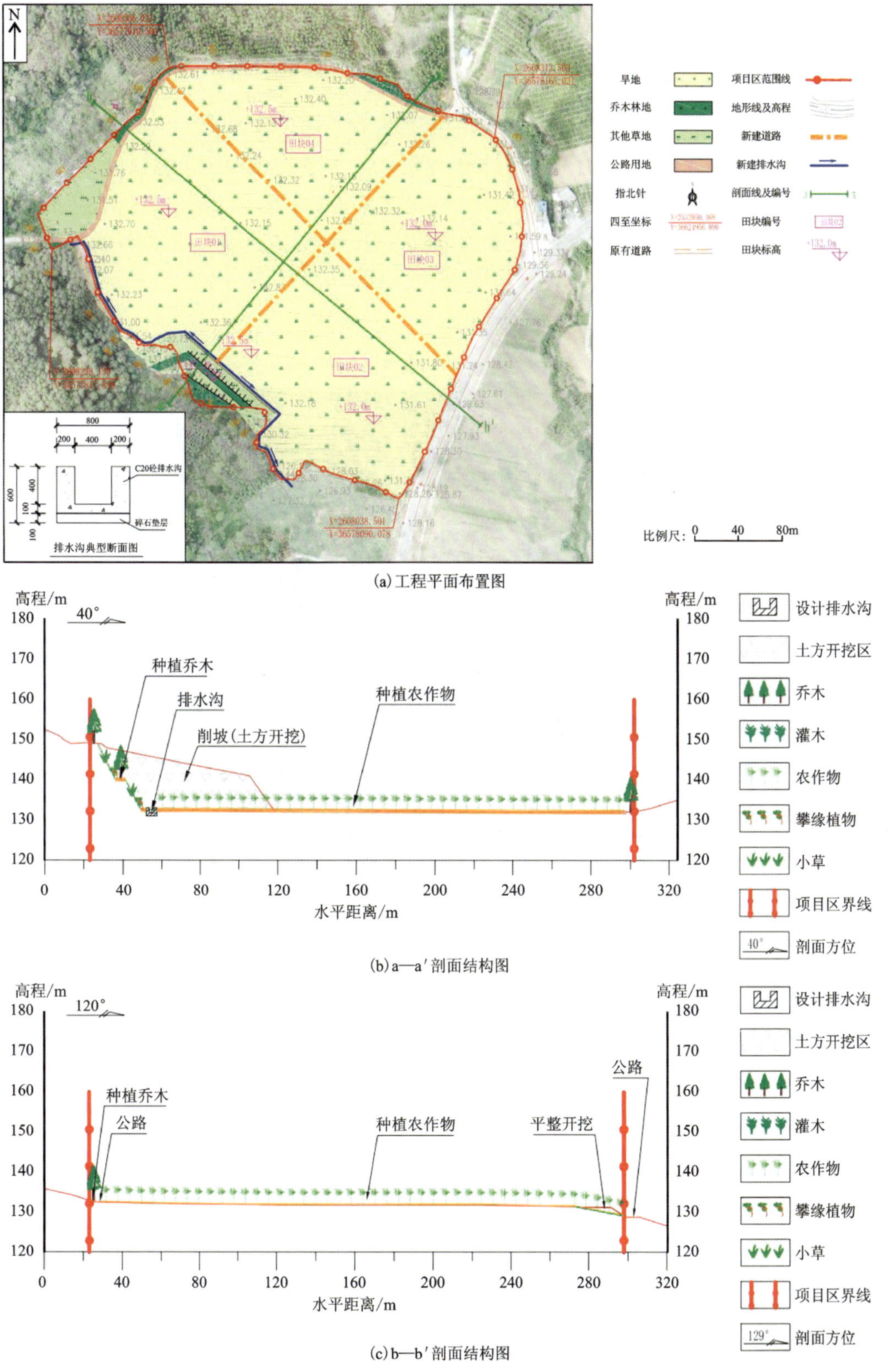

图 5.10 上林县三里利厚砖厂黏土矿土地复垦规划利用代表性设计方案

三、页岩矿凹陷采坑修复典型设计方案

1. 图斑概况

页岩矿凹陷采坑生态修复典型图斑(典型图斑3)位于横州市校椅镇青桐村,该图斑为露天开采页岩矿,面积4.140 4hm²,现状地类为乔木林地和采矿用地。该图斑现状存在两个凹陷采坑,分别位于项目区北部和南部,其中北部凹陷采坑凹陷区域约0.174 2hm²,平均凹陷深度约5m,凹陷区域容积约8710m³;南部凹陷采坑区域约0.548 4hm²,平均凹陷深度约6m,凹陷区域容积约32 904m³;两个凹陷采坑容积合计41 614m³。区域土地损毁、植被破坏严重,局部区域存在崩塌、滑坡。图斑影像如图5.11。

图5.11 典型图斑3正射影像图

2. 治理方向

按照国土空间规划"三区三线"管控要求和土地适宜性评价结果,确定修复方向为耕地、林地、草地。

3. 工程措施

结合该图斑主要生态问题,本方案拟采取采坑回填、边坡修整、土壤重构、植被恢复等工程技术措施,消除地质安全隐患,修复地形地貌,恢复土地利用。

1)矿山地质安全隐患消除

(1)凹陷采坑回填。本方案设计对本图斑凹陷采坑进行回填工作,其中北部凹陷采坑回填至+98m标高,南部凹陷采坑回填至+99m标高。经测算,凹陷采坑回填工程量总计41 614m³,其中通过本图斑边坡修整、场地平整可提供约6 744.30m³,需外购土石方约34 869.70 m³。经现场调查,本图斑取土点位于桃圩镇杨梅村,土方量满足回填需求,运距24km。回填时采用分层回填,分层厚度2m,压实度不小于85%。

2)地形地貌重塑

(1)边坡修整。本图斑边坡主要为土质边坡,局部较破碎,为防止边坡浮土石掉落,造成人员伤害和经济损失,需对局部较破碎边坡进行挖高填低边坡修整处理,平均修整厚度约0.3m,经统计,需修整面积约 0.319 1hm^2,工程量为957.42m^3。

(2)场地平整。为满足耕作条件,对项目区南部、西部和北部局部较高区域采取开挖土石方工程措施,将开挖的土石方直接用于填凹陷采坑,结合项目区地形、平均开挖厚度约3.0m,经统计,需开挖面积约 0.192 9hm^2,工程量为 5 787.00m^3。

凹陷采坑回填后,为保证修复单元有利于植被的生长,本方案设计对项目区采取挖高填底的平整工程措施,平整面积为土地整治面积 3.512 9hm^2。

3)土壤重构

(1)客土覆盖。针对恢复为旱地的区域进行客土回填,确保修复后旱地有效土层(黏土)厚度60cm,其中耕作层厚度为30cm;针对修复为林地的区域按照穴位进行客土回填,乔木按照株距2m,行距3m计算,每个穴位60cm×80cm×60cm客土,灌木按照株距1m,行距1m计算,每个穴位40cm×60cm×60cm客土。经统计,需要耕植土客土 13 700.31m^3,黏土客土 13 871.0m^3。回填土方来源于桃圩镇杨梅村取土点的耕作层土壤,运距约24.0km。

(2)培肥。对修复为旱地区域内施用有机肥和复合肥进行培肥,每亩施用有机肥500kg,复合肥100kg;对修复为乔木林地区域内施用复合肥进行培肥,每亩施用复合肥150kg。本图斑新增为旱地 3.512 9hm^2,需要有机肥26.35t,需要复合肥5.27t;修复为乔木林地 0.246 3hm^2,需要复合肥0.55t。

4)植被重建

根据当地植被种植情况,拟修复为旱地范围均设计种植甘蔗,每亩种植1500株;拟修复为乔木林地的范围均设计种植小叶榕,按株距2.0m×3.0m坑栽乔木,同时撒播草籽进行复绿;拟修复为其他草地区域采取撒播草籽的方式进行复绿,防止水土流失;对于台阶边坡采取种植蛇藤的复绿措施,即在坡脚沿线种植蛇藤,按1株/m的密度种植。经统计,本图斑修复为旱地 3.512 9hm^2、乔木林地 0.341 9hm^2、其他草地 0.285 6hm^2,则种植甘蔗79 040株、小叶榕570株、撒播草籽 0.627 5hm^2;边坡长度460m,则种植工程量为460株。

5)配套设施

(1)灌溉排水工程。本图斑截水沟采用矩形断面:宽0.4m,深0.4m,渠身采用C20混凝土,C20现浇混凝土底板,底板厚0.1m;未处理软化地基,加速下部土层的固结与沉降,渠道设置碎石垫层,厚度为0.1m;混凝土底板每隔5m设置一道伸缩缝。截水沟沿等高线布置,保证截、排水沟顺畅,线条圆顺。

(2)田间道路工程。规划田间路面宽3.50m,路面结构从上到下:C25混凝土面层厚0.20m,铺设碎石基层厚0.15m,路基以下路床压实,路床以下深度0~0.8m压实度不小于95%,0.8m以下压实度不小于93%混凝土路面每5m设置一道伸缩缝,用沥青杉木板填缝,并对路面压纹防滑。路面纵向放坡坡度不大于10%,路面横坡为1.5%,交叉口路面内边缘最小转弯半径为8m。每250~350m设一错车道。

4. 工程量及设计方案

页岩矿凹陷采坑修复典型地块工程量详见表5.6,实施前后土地利用结构表详见表5.7。

表 5.6 典型图斑 3 工程量表

工程措施		单位	工程量合计
矿山地质安全隐患消除	土石方回填(废渣土回填)	m³	34 869.70
地形地貌重塑	边坡修整(回填凹陷采坑)	m³	957.30
	场地平整(土方开挖)	m³	5 787.00
	场地平整	hm²	3.512 9
土壤重构	30cm 客土回填(黏土)	m³	13 700.31
	30cm 客土回填(耕植土)	m³	13 700.31
	覆土植被穴植挖石方(回填)	m³	213.35
	覆土植被穴植回填土(客土回填)	m³	170.68
	培肥(每亩 0.5t 有机肥)	t	26.35
	复合肥(农作物每亩 0.1t 复合肥)	t	5.27
	复合肥(林地每亩 0.15t 复合肥)	t	0.77
植被重建	播撒草籽	hm²	0.627 5
	攀援植物种植	株	460
	乔木种植	株	570
	种植农作物(甘蔗)	株	79 040
生态修复监测与管护	植被监测	次	2
	播撒草籽(芒草)	hm²	0.062 8
	攀援植物种植	株	46
	乔木种植(小叶榕)	株	57
	种植农作物(甘蔗)	株	7904
配套附属工程	截排水沟工程	m	607.00
	田间道路工程	m	669.00

横州市校椅镇青桐村矿山土地复垦规划利用代表性设计方案如图 5.12 所示。

表 5.7 典型图斑 3 实施前后修复单元土地利用结构调整表

一级类		二级类		现状		规划		变化情况	
地类编码	地类名称	地类编码	地类名称	面积/hm²	占比/%	面积/hm²	占比/%	面积/hm²	占比/%
01	耕地	0103	旱地			3.512 9	84.84	3.512 9	84.84
03	林地	0301	乔木林地	0.371 7	8.98	0.341 9	8.26	0.029 8	−0.72
04	草地	0404	其他草地			0.285 6	6.90	0.285 6	6.90
06	工矿用地	0602	采矿用地	3.768 7	91.02			3.768 7	−91.02
总计				4.140 4	100	4.140 4	100	0	0

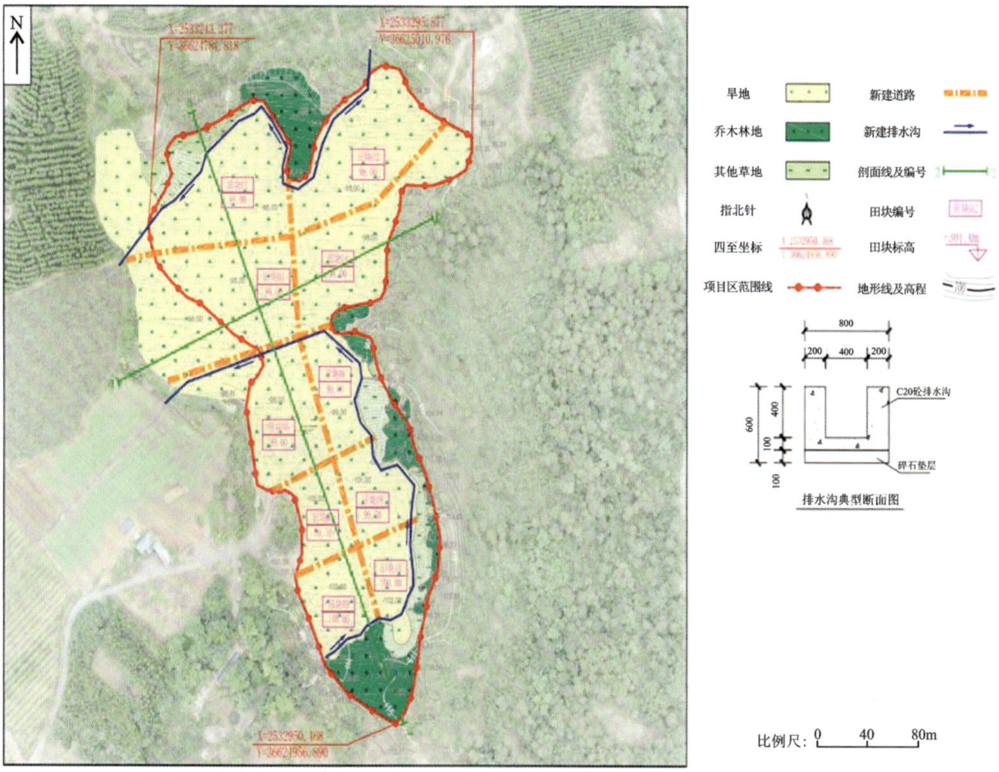

(a) 工程平面布置图

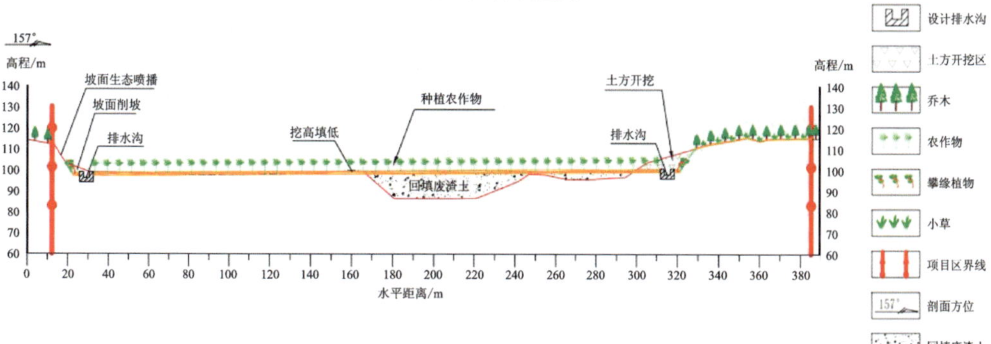

(b) a—a′剖面结构图

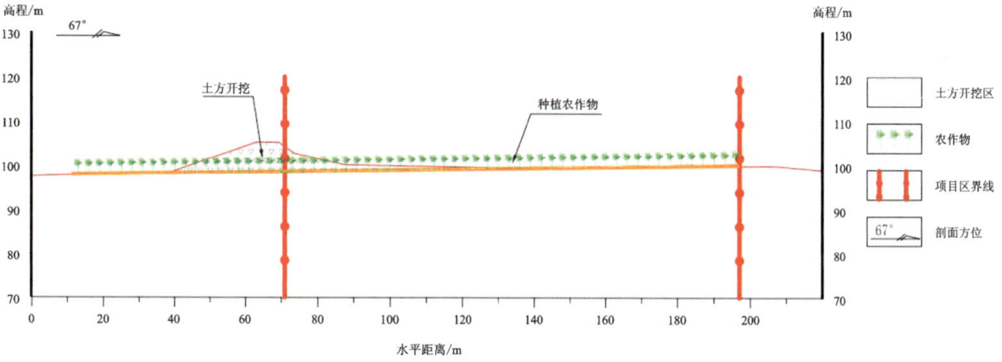

(c) b—b′剖面结构图

图5.12 横州市校椅镇青桐村矿山土地复垦规划利用代表性设计方案

四、石灰石矿削坡降坡治理修复典型设计方案

1. 图斑概况

石灰石矿削坡降坡生态修复治理典型图斑(典型图斑4)位于江南区苏圩镇隆德村,该图斑为露天开采石灰石矿,面积7.851 9hm²,现状地类有旱地、乔木林地、灌木林地、采矿用地、农村宅基地和河流水面。该矿山南部存在"伞檐"边坡,边坡高度20~80m,边坡坡度30°~80°,采场底部平台较为平整,底部平台修复条件较好。区域土地损毁、植被破坏严重,局部区域存在崩塌、危岩等地质安全隐患。图斑影像如图5.13。

图5.13 典型图斑4正射影像图

2. 治理方向

按照国土空间规划"三区三线"管控要求和土地适宜性评价结果,确定修复方向为耕地、林地、草地。

3. 工程措施

结合该图斑主要生态问题,本方案拟采取危岩清除、削坡、场地平整、回覆客土、种植植被、坡面微生物结皮生态修复等工程技术措施对地质安全隐患进行消除,对地形地貌进行修复,对土地资源进行复垦,盘活土地资源。

1)矿山地质安全隐患消除

(1)危岩清除工程。本矿山南部边坡西侧存在一处较大危岩体,危岩方量约934.40m³,为防止本图斑修复工程实施期间危岩威胁下方人员和施工机械等,本方案设计对危岩体及时进行清除,主要采取人工结合机械进行清除。人工清除主要是对浮石、滚石和碎裂化岩石面上体积较小的危岩采用人工破碎、清运的方法;机械清除主要包括用切割机切除危岩。

(2)削坡工程。本矿山南部边坡顶部存在"伞檐",结合矿山情况,本方案设计对南部+206m以上山体进行削顶降坡处理,削顶采取机械方式+爆破方式进行,按15m/台阶自上而下分台阶削坡。经估算,削顶工程量约24 350.00m³。

2)地形地貌重塑

(1)土地平整工程。为保证修复单元满足耕地修复条件,本方案设计对矿山底部平台区域采取开挖高填低工程措施,将开挖的土石方直接用于填低缓区域,挖方工程量为12 239.76m³,填方工程量为8 159.84m³。为保证修复单元有利于植被的生长,本方案设计对本矿山修复范围采取挖高填底的平整工程措施,平整面积5.099 9hm²。

3)土壤重构

(1)客土工程。针对恢复为旱地的区域进行客土回填,确保修复后旱地有效土层(黏土)厚度60cm,其中耕作层厚度为30cm;针对恢复为林地的区域按照穴位进行客土回填,乔木按照株距2m,行距3m计算,每个穴位60cm×80cm×60cm客土。经统计,需要耕植土客土8 102.25m³,黏土客土19 889.61m³。回填土方来源于吴圩机场T3航站楼项目弃土,运距约40km。

(2)培肥。对修复为旱地区域内施用有机肥和复合肥进行培肥,每亩施用有机肥500kg,复合肥100kg;对修复为林地区域内施用复合肥进行培肥,每亩施用复合肥150kg。本矿山修复为旱地2.077 5hm²,则旱地需要有机肥15.58t,需要复合肥3.12t;修复为林地3.022 4hm²,需要复合肥6.80t。

4)植被重建

根据当地植被种植情况,拟修复为旱地范围均设计种植甘蔗,每亩种植1500株;拟修复为乔木林地的范围均设计小叶榕,按株行距2.0m×3.0m坑栽乔木,同时撒播草籽进行复绿;拟修复为灌木林地的范围均设计种植车桑子,按株行距1.0m×1.0m坑栽灌木,同时撒播草籽进行复绿;拟修复为其他草地区域采取撒播草籽的方式进行复绿,防止水土流失;拟修复为其他草地区域采取撒播草籽的方式进行复绿,防止水土流失;对于台阶边坡采取种植蛇藤的复绿措施,即在坡脚沿线种植蛇藤,按1株/m的密度种植。经统计,本矿山修复为旱地2.077 5hm²、乔木林地2.135 6hm²、灌木林地0.886 8hm²、其他草地2.659 4hm²,则种植甘蔗46 744株、小叶榕3559株、车桑子8868株、撒播草籽5.681 8hm²;边坡长度3258m,则种植蛇藤工程量为3258株。

(2)边坡植被恢复。对本矿山已经稳定的陡坡,本方案采取坡面微生物结皮生态修复技术对坡面进行复绿。经统计,本图斑边坡植被修复为1.495 9hm²。

5)配套设施

(1)灌溉排水工程。本矿山截水沟采用矩形断面:宽0.4m,深0.4m,渠身采用C20混凝土,C20现浇混凝土底板,底板厚0.1m;未处理软化地基,加速下部土层的固结与沉降,渠道设置碎石垫层,厚度为0.1m;混凝土底板每隔5m设置一道伸缩缝。截水沟沿等高线布置,保证截、排水沟顺畅,线条圆顺。

(2)田间道路工程。规划田间路面宽3.50m,路面结构从上到下:C25混凝土面层厚0.20m,铺设碎石基层厚0.15m,路基以下路床压实,路床以下深度0~0.8m压实度不小于95%,0.8m以下压实度不小于93%混凝土路面每5m设置一道伸缩缝,用沥青杉木板填缝,并对路面压纹防滑。路面纵向放坡坡度不大于10%,路面横坡为1.5%,交叉口路面内边缘最小转弯半径为8m。每250～350m设一错车道。

4. 技术应用

石灰石矿削坡降坡治理修复图斑工程量详见表5.8,方案设施前后土地利用结构对标详见表5.9,江南区苏圩镇隆德村罗家宏石场石灰石矿土地规划利用代表性设计方案如图5.14所示。

表5.8 典型图斑4工程量表

工程措施		单位	工程量合计
矿山地质安全隐患消除	危岩清理	m³	934.40
	削顶开挖	m³	24 350.00
地形地貌重塑	场地平整(场地开挖平整)	m³	12 239.76
	场地平整(场地回填平整)	m³	8 159.84
	场地平整	hm²	5.099 9
土壤重构	30cm客土回填(黏土)	m³	19 889.61
	30cm客土回填(耕植土)	m³	8 102.25
	覆土植被穴植挖石方(就近堆放)	m³	1 876.42
	覆土植被穴植回填土(客土回填)	m³	2 439.34
	拆除建筑物	m³	149.97
	培肥(每亩0.5t有机肥)	t	15.58
	复合肥(农作物每亩0.1t复合肥)	t	3.12
	复合肥(林地每亩0.15t复合肥)	t	6.80
植被重建	播撒草籽	hm²	5.681 8
	攀援植物种植	株	3258
	乔木种植(小叶榕)	株	3559
	灌木种植(车桑子)	株	8868
	种植农作物(甘蔗)	株	46 744
生态修复监测与管护	植被监测	次	2
	地质安全监测	次	1
	播撒草籽(芒草)	hm²	0.568 2
	攀援植物种植(蛇藤)	株	326
	乔木种植(小叶榕)	株	356
	乔木种植(小叶榕)	株	887
	种植农作物(甘蔗)	株	4674
配套附属工程	截排水沟工程	m	489
	田间道路工程	m	497

表 5.9 典型图斑 4 实施前后修复单元土地利用结构调整表

一级类		二级类		现状		规划		变化情况	
地类编码	地类名称	地类编码	地类名称	面积/hm²	占比/%	面积/hm²	占比/%	面积/hm²	占比/%
01	耕地	0103	旱地	0.132 0	1.68	2.077 5	26.46	1.945 5	24.78
03	林地	0301	乔木林地	0.019 6	0.25	2.135 6	27.20	2.116 0	26.95
		0305	灌木林地	0.067 2	0.86	0.886 8	11.29	0.819 6	10.44
04	草地	0404	其他草地	0	0	2.659 4	33.87	2.659 4	33.87
06	工矿用地	0602	采矿用地	7.556 4	96.24	0	0.00	−7.556 4	−96.24
07	住宅用地	0702	农村宅基地	0.070 7	0.90	0	0.00	−0.071	−0.90
10	交通设施用地	1006	农村道路	0.000 0	0.00	0.092 6	1.18	0.093	1.18
11	水域及水利设施用地	1101	河流水面	0.006 0	0.08	0	0.00	−0.006	−0.08
	总计			7.851 9	100	7.851 9	100	0	0.00

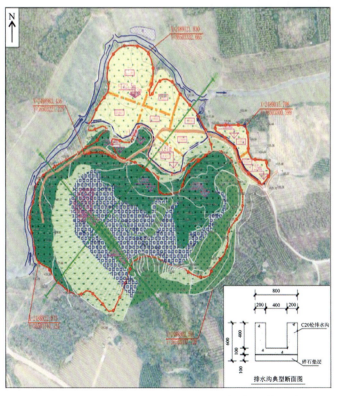

(a) 工程平面布置图

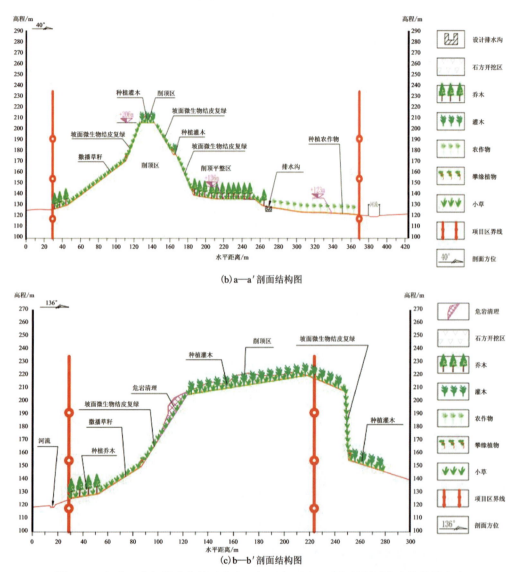

图 5.14　江南区苏圩镇隆德村罗家宏石场石灰石矿土地规划利用代表性设计方案

五、锰矿区修复典型设计方案

1. 图斑概况

锰矿区生态修复典型图斑(典型图斑 5)位于武鸣区太平镇葛阳村,该图斑为露天开采锰矿,面积 14.206 0hm²,现状地类为果园、乔木林地、灌木林地、仓储用地、农村道路、坑塘水面和设施农用地。图斑影像如图 5.15。

该矿山现状存在两个凹陷采坑,分别位于项目区北部和西部,其中北部凹陷采坑凹陷区域约 1.780 5hm²,平均凹陷深度约 5m,凹陷区域容积约 89 025m³;西部凹陷采坑凹陷区域约

0.655 4hm², 平均凹陷深度约 9m, 凹陷区域容积约 58 986m³; 两个凹陷采坑容积合计 148 011m³。区域内存在一定程度土地损毁、水资源破坏和地形地貌景观破坏, 部分植被覆盖度与质量受到影响。

图 5.15　典型图斑 5 正射影像图

2. 治理方向

按照国土空间规划"三区三线"管控要求和土地适宜性评价结果, 确定修复方向为林地、园地。

3. 工程措施

结合该图斑主要生态问题, 本方案拟采取凹陷采坑回填、边坡修整、回覆客土、种植植被等工程技术措施对地质安全隐患进行消除, 对地形地貌进行修复, 对土地资源进行复垦, 盘活土地资源。

1. 地形地貌重塑

(1)凹陷采坑回填工程。本方案设计对项目区北部凹陷采坑进行回填工作, 回填后采坑与周边自然地形平滑接壤, 为使采坑在回填后能够满足自然排泄的条件, 回填后的采坑位置整体呈南高北低, 最低标高＋161.5m, 东、西两侧分别向中间倾斜, 经测算, 凹陷采坑回填工程量总计 148 011.00m³, 其中通过本矿山场地平整可提供约 103 110.00m³, 需外购土石方约 44 901.00m³。结合现场调查了解, 本图斑取土点为广西-东盟经济技术开发区调味品产业园·华强聚源租赁性住房项目工程弃土, 土方量满足回填需求, 运距约 32km。回填时采用分层回填, 分层厚度 2m, 压实度不小于 85%。

(2)土地平整工程。为保证修复单元满足园地修复条件, 本方案设计对项目区南部、西部和北部局部较高区域采取开挖土石方工程措施,将开挖的土石方直接用于填凹陷采坑,挖方工程量为 103 110.00m³。凹陷采坑回填后,为保证修复单元有利于植被的生长,本方案设计对项目区采取挖高填底的平整工程措施,平整面积为 7.943 0hm²。

2)土壤重构

(1)客土工程。针对恢复为园地和林地的区域按照穴位进行客土回填,果园和乔木林地均按照株距 2m、行距 3m 计算,每个穴位 60cm×80cm×60cm 客土。经统计,需要黏土客土 2 128.13m³。

(2)培肥。为提高和维持有机质平衡,改善土壤质量,提升农用地地力等级与农业综合生产能力,对修复为果园和林地区域内施用复合肥进行培肥,每亩施用 150kg。本矿山植被重建修复为果园 5.542 0hm²、乔木林地 7.936 6hm²,需要复合肥 30.33t。

3)植被重建

根据当地植被种植情况,拟修复为果园的范围均设计种植周边常见果树,树苗品种柑橘,按株行距 2.0m×3.0m 坑栽果树;拟修复为乔木林地的范围设计种植小叶榕,按株行距 2.0m×3.0m 坑栽乔木,同时撒播草籽进行复绿。经统计,本图斑修复为果园 5.542 0hm²、乔木林地 7.936 6hm²,则种植柑橘 9237 株、小叶榕 13 228 株、撒播草籽 7.936 6hm²。

4)配套设施

(1)灌溉排水工程。本图斑矿山截水沟采用矩形断面:宽 0.4m,深 0.4m,渠身采用 C20 混凝土,C20 现浇混凝土底板,底板厚 0.1m;未处理软化地基,加速下部土层的固结与沉降,渠道设置碎石垫层,厚度为 0.1m;混凝土底板每隔 5m 设置一道伸缩缝。截水沟沿等高线布置,保证截、排水沟顺畅,线条圆顺。

(2)田间道路工程。规划田间路面宽 3.50m,路面结构从上到下:C25 混凝土面层厚 0.20m,铺设碎石基层厚 0.15m,路基以下路床压实,路床以下深度 0~0.8m 压实度不小于 95%,0.8m 以下压实度不小于 93%混凝土路面每 5m 设置一道伸缩缝,用沥青杉木板填缝,并对路面压纹防滑。路面纵向放坡坡度不大于 10%,路面横坡为 1.5%,交叉口面内边缘最小转弯半径为 8m。每 250~350m 设一错车道。

4. 工程量及设计方案

锰矿区修复图斑工程量详见表 5.10,方案设施前后土地利用结构对标详见表 5.11,武鸣太平镇葛阳村鑫鑫锰矿场土地规划利用代表性设计方案如图 5.16 所示。

表 5.10 典型图斑 5 工程量表

工程措施		单位	工程量合计
地形地貌重塑	土方开挖(就近堆放)	m³	103 110.00
	场地平整,清理表土	hm²	7.943 0
	凹陷采坑回填	m³	44 901.00

续表 5.10

	工程措施	单位	工程量合计
土壤重构	覆土植被穴植挖土方(就近堆放)	m^3	2 660.16
	覆土植被穴植回填土(客土回填)	m^3	2 128.13
	复合肥(园地和林地每亩0.15t复合肥)	t	30.33
植被重建	播撒草籽(芒草)	hm^2	7.936 6
	乔木种植(小叶榕)	株	13 228
	果树种植(柑橘)	株	9237
生态修复监测与管护	植被监测	次	2
	播撒草籽(芒草)	hm^2	0.793 7
	乔木种植(小叶榕)	株	1323
	果树种植(柑橘)	株	924
配套附属工程	截排水沟工程	m	500
	田间道路工程	m	400

表 5.11 典型图斑 5 实施前后修复单元土地利用结构调整表

一级类		二级类		现状		规划		变化情况	
地类编码	地类名称	地类编码	地类名称	面积/hm^2	占比/%	面积/hm^2	占比/%	面积/hm^2	占比/%
02	园地	0201	果园	5.152 0	36.27	5.542 0	39.01	0.390 0	2.75
03	林地	0301	乔木林地	0.457 7	3.22	7.936 6	55.87	7.478 9	52.65
		0305	灌木林地	0.482 3	3.40	0	0	−0.482 3	−3.40
04	草地	0404	其他草地	4.023 1	28.32	0	0	−4.023 1	−28.32
06	工矿仓储用地	0604	仓储用地	0.132 7	0.93	0	0	−0.132 7	−0.93
10	交通设施用地	1006	农村道路	0.065 3	0.46	0.043 1	0.30	−0.022 2	−0.16
11	水域及水利设施用地	1104	坑塘水面	3.046 2	21.44	0	0	−3.046 2	−21.44
12	其他土地	1202	设施农用地	0.846 7	5.96	0.684 3	4.82	−0.162 4	−1.14
总计				14.206	100	14.206	100	0.000 0	0.00

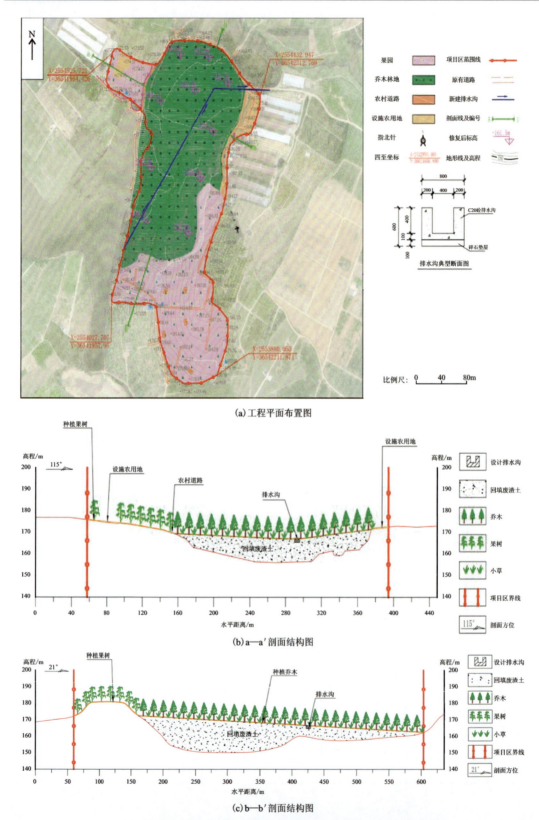

图 5.16 武鸣太平镇葛阳村鑫鑫锰矿场土地规划利用代表性设计方案

六 "矿山修复＋光伏风电资源开发"总体方案

1. 资源评估

1）区域太阳能资源

南宁市所辖的县区多年平均太阳总辐射量在 4 611.3～4 670.9MJ/m^2（即年均等效利用小时数 1 037.5～1 051.0h），且变化趋势非常接近，都是夏季辐射量高，冬季辐射量低，其中 7 月总辐射量为峰值。南宁市的总辐射量在地理上的分布较为均匀，各县区没有明显的差异，图斑所在地具备同步开发分布式光伏的良好资源。

2）区域风能资源概况

广西风能资源丰富区分布于钦州市、防城港市、北海市、玉林市城区周边和桂林市，南宁属于风能资源较丰富区。根据南宁市气象站及已收集测风塔实测数据同步分析，南宁市盛行风向以偏北风为主，局部地区盛行偏南风，南宁市北部和东部海拔相对较高的山地丘陵区域和大明山区域的风能资源较丰富，西南部地区因受地形因素影响，风能资源相对较贫乏。南宁市历史遗留废弃矿山图斑大部分位于马山县、兴宁区、宾阳县、上林县和武鸣区，处于南宁风能资源较丰富区，图斑所在地具备同步开发分散式风电的良好风能资源。广西太阳能水平面总辐射分布情况与广西风能资源分布如图 5.17 所示。

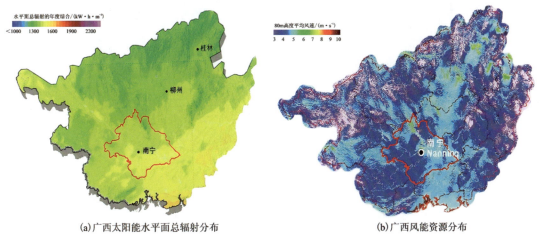

(a) 广西太阳能水平面总辐射分布　　　(b) 广西风能资源分布

图 5.17　广西太阳能和风能资源分布图

2. 总体方案

结合矿山地质条件及太阳能、风能资源禀赋，按照光伏、风电项目选址原则，依托南宁历史遗留废弃矿山生态修复工程、配套建设分布式光伏发电站及分散式风电。初步筛选废弃矿山范围内及周边区域光伏用地约 6000 亩（矿山范围内 1200 亩），规划建设配套分布式光伏发电站 200MW；风电选址基础占地合计约 24 亩（约 16 000m^2），安装风机 40 台，按当前主流风机 5MW 考虑，建设规模约 200MW。光伏风电项目规划场址均位于历史遗留废弃矿山生态修复及周边区域。宾阳县光伏选址如图 5.18 所示，马山县光伏、风电资源初步选址分布如图 5.19、图 5.20 所示。

图 5.18　宾阳县光伏选址

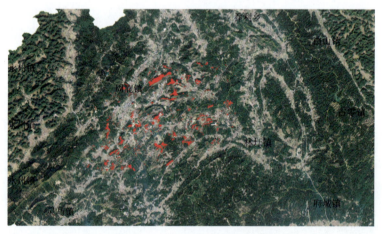

图 5.19　马山县光伏初步选址

图 5.20　马山县风电初步选址

3. 效益分析

风电项目装机容量 200MW,平均可利用小时数为 2745h,年上网电量 440 000MWh,按照单位千瓦静态投资 6500 元估算,项目总投资约 13 亿元。通过经济性评价,该风电场全部投资(税前)财务内部收益率可达 17%,经济性较好。项目建成后年节约标准煤 14.43 万 t,减少二氧化碳排放 34.54 万 t。光伏项目装机容量 200MW,年均等效利用小时数 1043h,年上网电量为 204 092.27MWh,按照单位千瓦静态投资 4150 元,项目总投资约 8.3 亿元,光伏全部投资(税前)财务内部收益率可达 7%,经济性较好。项目建成后年节约标准煤 6.69 万 t,减少二氧化碳排放 16.02 万 t。

第六章 矿山生态修复监测系统

广西南方丘陵山地带(南宁)历史遗留废弃矿山生态修复示范工程项目通过多手段统筹和科学规划南宁市历史遗留废弃矿山生态修复工作,从而有效实现项目动态监测。依托国土空间基础信息平台和自然资源三维立体"一张图",项目将工程立项、实施、验收等环节的信息及时入库,明确项目位置、规模、类型、内容及建设进展与成效等。此外,综合利用天基、空基和地基等新型空间信息观测技术,结合地球物理化学分析、原位采样等数据采集、人工调查手段以及监测大数据平台,构建"天-空-地-人-网"多平台、多要素、多尺度、多时相协同的矿山生态要素精准监测监管体系,实现对工程实施可视化、可追踪的实时动态监测。同时,在监测过程中开展适应性管理,通过监测监管变化时序数据,评估过去采用的管理政策和修复措施来获得经验,并根据生态系统变化情况,修正、改进管理政策和修复措施,进而实现对自然资源保护利用、生态环境治理改善、生态系统服务功能提升等成效的综合评估。

第一节 监测内容

根据历史遗留废弃矿山生态修复目标,广西南方丘陵山地带(南宁)历史遗留废弃矿山生态修复示范工程项目主要从区域、生态系统、场地3个尺度设立三级监测评估内容和指标。区域尺度监测主要关注保护修复的规模、生态系统类型及规模变化动态、景观的完整性与多样性、生态廊道、植被恢复情况、水土流失状况等;生态系统尺度监测主要关注水土环境质量、动植物组成与群落结构、生物多样性特别是关键动植物物种数量与分布变化,以及水源涵养、水土保持、生物多样性维护等关键生态系统服务等;场地尺度监测根据有关工程标准和要求关注生态修复工程实施情况以及实施过程中对周边环境的影响情况。

广西南方丘陵山地带(南宁)历史遗留废弃矿山生态修复示范工程项目监测工程主要围绕卫星遥感、无人机监测、地面站点观测、实地调查、公众访谈等方面强化监测体系建设,同步做好区域、生态系统、场地3个尺度的5个一级指标和14个二级指标的监测工作,形成监测评估报告和监测数据库,为项目整体成效评估和适应性管理提供有效支撑,确保本修复工程实施后,当地生态系统能得到有效保护和修复。监测工作将形成完备的监测评估报告和全面的监测数据库,为项目整体成效评估和适应性管理提供可靠支持。这些评估报告和数据库将为决策者提供必要的数据支持,以便他们能够全面了解修复工程的进展情况,据此评估修复效果,以及时调整策略并采取必要的举措。

通过实施有效的监测工作,将确保当地生态系统得到有效地保护和恢复,这不仅有助于当地生态环境的恢复,还将为未来的可持续发展奠定坚实基础,实现生态环境保护和可持续利用的目标。

一、区域尺度监测

区域尺度监测内容主要包括生态系统格局监测与生态系统质量监测。

生态系统格局监测:广西南方丘陵山地带(南宁)历史遗留废弃矿山生态修复示范工程项目将 1 100.66hm² 的拟修复区域作为监测范围,开展全阶段的卫星遥感监测,结合生态系统历史长期监测数据,通过生态系统构成、空间格局、生态系统总体变化特征等指标计算,定量评估各类生态系统的面积及变化、破碎化程度、变化方向、综合变化程度,明确生态系统的总体变化情况及变化关键区域,为定量评估生态系统的空间格局及其总体变化趋势提供依据。其中南宁废弃矿山生态修复项目生态系统格局监测详细情况见表 6.1。

表 6.1 生态系统格局监测情况一览表

序号	指标类型	一级指标	二级指标	监测范围	监测面积/hm²	主要监测方法	主要工作内容	进度安排
1	区域尺度	01 景观格局(生态系统格局)	011 景观丰富度	拟修复区全域	1 100.66	卫星遥感为主,无人机遥感监测为辅	对植被指数、植被类型、地表水体、作物生长状况、土地利用类型等进行定期监测	2023—2028 年
2			012 景观破碎度					
3			013 生态系统类型构成比例					
4			014 生态系统类型面积变化率					
5			015 综合生态系统动态度					

生态系统质量监测:生态系统质量通过监测植被覆盖度、生态系统面积、受保护区面积、土壤侵蚀、土壤质量、土壤含水率、水质状况等情况,反映监测区生态功能指数、生态结构指数和生态胁迫指数。通过获取卫星遥感影像,开展遥感解译,并结合地面调查,监测上述要素变化情况,评估生态系统质量情况。南宁历史遗留废弃矿山生态修复生态系统质量监测详细情况见表 6.2。

表 6.2 生态系统质量监测情况一览表

序号	指标类型	一级指标	二级指标	监测范围	监测面积/hm²	主要监测方法	主要工作内容	进度安排
1	区域尺度	02 生态系统质量评估	021 生态功能指数	拟修复区全域	1 100.66	卫星遥感、地面监测及调查	对植被覆盖度、生态系统面积、受保护区面积、土壤侵蚀、土壤质量、土壤含水率、水质状况等进行定期监测	2023—2028 年
2			022 生态结构指数					
3			023 生态胁迫指数					
4			024 生态系统质量分级					

二、生态系统尺度监测

生态系统尺度监测内容主要包括水土保持监测与土壤环境监测。

水土保持监测，广西南方丘陵山地带（南宁）历史遗留废弃矿山生态修复示范工程项目水土保持监测包括土壤侵蚀模数和土壤保持量监测。在"3S"技术的支持下，应用相应的水土保持数学模型，结合高分辨率遥感影像，通过地形坡度、土地利用、植被覆盖度、降水量等相关数据，对测区土壤侵蚀量和土壤保持量进行定量监测。广西南方丘陵山地带（南宁）历史遗留废弃矿山生态修复示范工程项目主要通过卫星遥感监测及地面监测调查手段，对拟修复区 1 100.66 hm² 监测区的水土保持状况进行全阶段的监测。在获取监测区域遥感影像资料，经遥感解译后，提取监测区植被覆盖和土地利用信息，结合地形坡度数据、降雨量、土壤侵蚀监测、土壤含水率监测等数据，通过相关数学模型分析监测区的水土保持状况。对卫星遥感监测未能覆盖的区域进行无人机遥感监测。南宁历史遗留废弃矿山生态修复项目水土保持监测详细情况见表 6.3。

表 6.3 水土保持监测情况一览表

序号	指标类型	一级指标	二级指标	监测范围	监测面积/hm²	主要监测方法	主要工作内容	进度安排
1	生态系统尺度	03 水土保持	031 土壤侵蚀模数	拟修复区全域	1 100.66	卫星遥感、无人机监测、地面监测	对植被覆盖度、土地利用、土壤侵蚀、土壤含水率等进行定期监测	2023—2028 年
2			032 土壤保持量					

土壤环境监测,在项目范围内的 486hm² 农用地和 105.39hm² 新增耕地开展土壤环境监测。样点监测指标主要包括土壤覆土厚度、土壤粒径、土壤容重、土壤砾石含量、土壤中有害物质含量、土壤有机质含量、重金属含量、酸碱度、碱化度、绝对含水率等。项目土壤环境监测详细情况见表 6.4。

表 6.4 土壤环境监测情况一览表

序号	指标类型	一级指标	二级指标	监测范围	监测面积/hm²	主要监测方法	主要工作内容	进度安排
1	生态系统尺度	04 土壤环境	041 土壤监测点位达标率	拟修复区全域	1 100.66	布设监测站点	对土壤质量各指标的调查、采集、检测	2023—2028 年

三、场地尺度监测

场地尺度监测内容主要包括矿山环境监测与林草质量及恢复度监测。

矿山环境监测,广西南方丘陵山地带(南宁)历史遗留废弃矿山生态修复示范工程项目涉及修复单元 4 个,子项目 8 个。本次监测项目拟利用无人机遥感和地面调查方法,结合利用已有监测站点数据,对涉及 4 个修复单元的"四乱"现象、生态环境破坏情况及矿山生态修复工程实施过程中的生态环境保护措施、施工活动、施工安全、地质安全、修复效果等进行监测和跟踪。项目区具体矿山环境监测详细情况见表 6.5。

表 6.5 矿山环境监测情况一览表

序号	指标类型	一级指标	监测范围	监测面积/hm²	主要监测方法	主要工作内容	进度安排
1	场地尺度	05 矿山环境	拟修复区全域	1 100.66	无人机监测、地面监测	对"四乱"现象、生态环境破坏情况、工程实施过程中的生态环境保护措施、施工活动、修复效果等进行监测和跟踪	2023—2028 年

林草质量及恢复度调查监测,定期或不定期组织相关专业人员对实施区林草质量及恢复度情况进行调研,获取林草成活率和生长量情况,对存在退化趋势的区域及时进行补植补栽和恢复度改良。林草成活率的监测要相对滞后一个时期,如春季造林种草,秋季监测;秋季造林种草,第二年春季监测。在按规范要求确定的样方中,其成活率须达 85% 以上。本项目区林草质量监测详细情况见表 6.6。

表 6.6　林草质量及恢复度监测情况一览表

序号	指标类型	一级指标	二级指标	监测范围	监测面积/hm^2	主要监测方法	主要工作内容	进度安排
1	场地尺度	06 林草质量及恢复度	061 植物生长状态数据	植被修复区	1 100.66	卫星遥感、无人机监测、地面监测	对实施区林草质量及恢复度情况进行调查	2026—2028 年

第二节　监测时间及频率

修复工程监测是确保项目成功实施和效果持续的关键环节,通常分为修复前、修复中和修复后 3 个阶段。在修复工程施工前的准备阶段,首先对每个修复项目区域进行全面监测,以获取必要的基础资料和信息,为后续工作提供支持。

在施工期间,监测工作需要保持持续性。每年开展两次卫星遥感监测,结合无人机和地面调查监测,无人机及地面调查监测每三个月监测 1 次,一年监测 4 次,监测 2 年,共监测 8 次。这种频繁的监测方式有助于及时发现问题、调整措施,确保修复工程的顺利进行。

进入项目管护期后,监测工作仍然至关重要。每年开展一次卫星遥感监测,同时结合无人机和地面调查监测。在管护期内,无人机及地面调查监测 1 年内分别在汛期的前 3 个月、汛期 7 月、汛期后的 11 月各监测 1 次,以确保在不同季节的变化和影响下对修复效果进行全面评估。

特别需要关注的是汛期前后的大暴雨情况,必须进行详细调查并记录相关数据。通过对暴雨事件的监测和分析,可以及时应对可能出现的灾害影响,确保修复工程的持续有效。全面监测与重点监测相结合,是保障矿山生态修复工程顺利进行和取得成功的重要策略,确保生态系统的恢复和可持续发展。

第三节　监测技术

近年来,众多学者开展了"天-空-地"协同监测理论研究。例如:张绍培等(2014)提出了"天-空-地"一体化对地观测传感网理论,构建了网络环境下多传感器资源的动态管理、事件智能感知等理论;戴华阳团队针对矿区地表移动监测问题,联合 InSAR、GNSS、三维激光扫描实现了"天-空-地"一体化监测;舒红平等提出了模型驱动的云边端协同的天空地一体化气象信息处理体系架构和服务架构;刘善军等、吴立新等面向露天矿边坡监测,研究了"天-空-地"多平台、多模式协同监测方法,并成功应用于辽宁抚顺西露天煤矿等特大型滑坡监测。然而,现有的"天-空-地"协同机制忽略了参数、尺度和时间协同机制在整体、连续、多维度监测方面的优势,尤其是协同体系构建还面临诸多重大挑战。例如:InSAR 监测技术易受限于观测平台重访周期及复杂地表覆盖导致的失相干问题,无法保证观测的时间连续性;单一平台观测手段难以将监测结果和监测精度交互验证等。

多平台协同监测还应考虑矿山地质环境的特殊性，即灾害信息与生态环境变化存在多要素间的链动式耦合效应，单一天基、空基手段获取的地表要素信息有限，难以满足地质、环境、岩、土、水、生态要素耦合机制分析需求。此外，人工现场调查手段，如地球化学分析测试技术、生态地质剖面测量技术，能够对地表基岩开展岩矿化学全分析，利用定性观察、描述和定量测量等手段获取不同地质、地形地貌、土壤、生态等信息。这种方法的优点为数据尺度小、精度高，可为矿区关键要素采样和智能信息提取验证提供参考，弥补"天-空-地"观测空缺。

矿区地质灾害突出、环境问题复杂，其多尺度、连续性和整体性监测、生态环境多要素耦合演变机理研究与采矿扰动下的地质环境耦合演变是近年来矿山生态系统监测与保护的重要研究工作之一，其首要工作在于岩、土、水、生态等多要素及其变化信息的连续精准监测。在总结矿山地质环境多平台、多要素协同监测技术、多源异构数据融合算法模型及矿山地质环境监测技术发展现状的基础上，为实现矿山地质环境多要素的多尺度、连续精准监测以及地质环境变化信息的智能感知，提出了面向矿山地质环境的"天-空-地-人-网"多要素、多尺度和时间协同监测技术方案，为矿山地质环境生态修复安全与保护提供基础的信息保障。

矿区岩层形态多样、地质灾害突出、环境问题复杂，单一、传统的测绘监测手段难以满足矿山地质环境多尺度、连续性、整体性监测和多要素信息异常智能感知的实际需求。"天-空-地-人-网"一体化协同监测技术在矿山地质环境多要素联合信息提取与智能感知、地质灾害隐患识别、环境变化分析领域具有巨大的优势和应用潜力。然而，考虑到数据属性、结构、时空分辨率等差异性较大，建立不同观测技术的多尺度、多时相有机协同机制，是矿区地质灾害精准监测和环境多要素信息耦合效应科学分析的保障。

现阶段，一方面，多种先进的星载传感器（SENTINEL-1）、高光谱/LIDAR无人机和地面监测设备（地基SAR平台）已经被应用于我国矿区地质环境监测，矿区"天-空-地-人-网"一体化监测技术相对成熟。另一方面，矿区地质环境监测也积累了丰富的基于站点和人工采样的原位观测数据，虽然其监测精度高，但无法进行大面积和实时监测；星/机/地基传感器平台类型多样、监测面积大，但存在时空分辨率差异，而将地面和人工站点普查数据与遥感影像栅格数据相融合，通过合理配置矿区对地观测资源方案以满足矿区多尺度、连续监测需求是关键。

"天-空-地-人-网"协同监测技术体系构建主要解决以下3个问题。

（1）结合不同类型、平台传感器实现矿区岩层、地下和地表水、土壤、植被覆盖等地质环境信息的全面监测。

（2）考虑不同平台（如星载、机载和地基等）观测数据的空间分辨率差异，实现地质环境要素的多尺度协同监测。

（3）依据任务需求和卫星重访周期信息，联合无人机、地面设备、人工调查数据和大数据计算，构建时间协同监测方案，实现矿山生态环境信息的连续性监测。

一、协同监测体系

在多平台协同监测技术中,多平台主要为实现矿区地质环境信息监测的不同类型的传感器平台和设备,包括天基高/多光谱与近红外(如 LANDSAT、MODIS、GF-4、GF-2)、合成孔径雷达(如 SETINEL-1、GF-3、RADARSAT-2)、主被动微波(如 SMAP、SMOS)遥感等星载传感器平台,空基高/多光谱与近红外和激光雷达(LiDAR)等无人机低空遥感传感器平台,以及地面监测设备,如地基 SAR 平台、GNSS 接收机、气象站、声波测井设备、塔基观测、车载测量传感器等。人工现场普查数据,如原位采样的地下水位、土壤类型和实验室物化分析数据(如土壤有机质含量、矿物丰度等)。

多要素监测主要是在多平台监测的基础上,基于多平台、多传感器获取的遥感影像数据(光谱、散射、辐射特征信息)、地面监测数据(位移、采样分析)实现矿区地质环境的多要素信息提取。多要素主要包括地质要素和环境要素,其中地质要素包括井工矿区地表形变、露天矿边坡变形、三维地形、地下水位等,环境要素包括矿区及其周围的植被覆盖类型、覆盖度、土壤有机质含量、土壤类型与侵蚀程度、地表水质量等。

多时相协同监测技术能够有效保障矿区地质环境连续监测,多平台协同是多时相协同的前提和基础。

二、数据管理体系

结合南宁市历史遗留废弃矿山生态修复工作成果跟踪监测的需要,建立统一的数据库标准,遵循国家和自治区相关数据整合建库技术规范,结合本市既往的修复经验和工作成果,建立涵盖底线管控、生态环境和项目监管的修复情况数据体系。这一数据体系以"互联网+"、信息化和大数据分析为基本理念,利用协同监测技术体系监测的多要素、多时相数据,集成市县各部门历史监测数据,形成完整的矿山生态修复监管数据体系。以统一的监测标准、数据库标准和管理制度为保障,搭建一个能够支持南宁市域生态监测评估和成果展示、分析,具有海量存储、自动化处理、多样化表达、协同共享和实时在线推送服务功能的平台。这样的平台将为南宁市历史遗留废弃矿山生态修复工作提供成果展示、在线分析、共享交换的便利,持续为矿山修复区域的生态系统状况监测提供必要的技术支撑,确保修复工作的有效性和可持续性。通过这样的数据体系和监测平台,南宁市的废弃矿山生态修复工作将能够更加科学、系统地展开,为当地生态环境的恢复和保护提供有力支持。

第四节 监测管理

一、监测点位置

广西南方丘陵山地带(南宁)历史遗留废弃矿山生态修复示范工程项目分别对马山大明山北麓历史遗留废弃矿山生态修复项目区域、上林大明山东麓历史遗留废弃矿山生态修复区域等 8 大项目区域开展卫星遥感监测,同时根据各个区域内矿山遗留点位分布情况,选取集中连片的矿山区域及代表性矿山区域,设置无人机监测区域,在无人机监测区域内针对每种矿山类型各选择至少一处典型矿山区域作为地面监测点位,开展全过程的监测和管理。各项目区域监测点位数量设置情况见表6.7,监测布点如图6.1。

表6.7 生态修复监测点位数量一览表

子项目编号	区域	卫星遥感	无人机监测	地面调查监测
Ⅰ-1	马山大明山北麓历史遗留废弃矿山生态修复项目	1	3	8
Ⅰ-2	上林大明山东麓历史遗留废弃矿山生态修复项目	1	3	9
Ⅰ-3	宾阳清水河上游历史遗留废弃矿山生态修复项目	1	3	6
Ⅱ-1	武鸣河流域历史遗留废弃矿山生态修复项目	1	3	7
Ⅱ-2	隆安右江干流历史遗留废弃矿山生态修复项目	1	2	4
Ⅲ-1	兴宁高峰岭南麓历史遗留废弃矿山生态修复项目	1	2	4
Ⅲ-2	南宁主城区历史遗留废弃矿山生态修复项目	1	3	8
Ⅳ-1	横州郁江干流历史遗留废弃矿山生态修复项目	1	3	6

二、监测体系构建

秉持全生命周期管理理念,对矿山生态修复工作进行全业务、全流程、全要素统一精准管理。首先,以废弃矿山数据为基础,按照"前期科学规划—过程动态监测—修复效果评价"的监管体系,依据矿山修复相关规划成果,进行矿山修复"局部分析,全局推演",确定矿山修复项目符合规划且对周围生态环境具有良好的长期影响;其次,接入矿山修复项目库与数据库,依据生态修复监测指标体系,对项目实施的全流程进行监测预警,及时排除项目的异常情况,保证矿山修复项目按计划实施;最后,依据生态修复评价指标体系对矿山修复实施成效进行多维评价。广西南方丘陵山地带(南宁)历史遗留废弃矿山生态修复示范工程项目监测工程监管体系示意如图6.2所示。

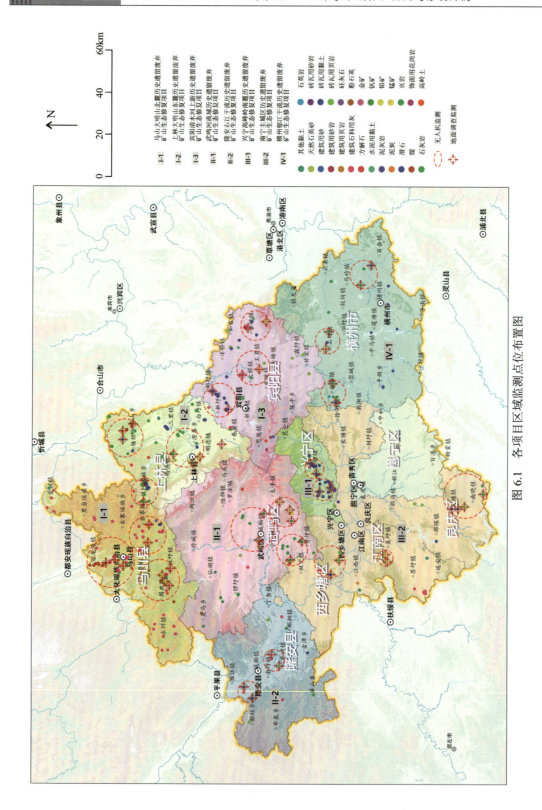

图 6.1 各项目区域监测点位布置图

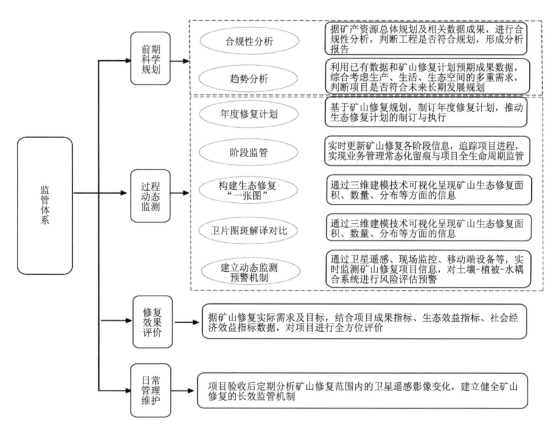

图 6.2　矿山生态修复监管体系示意图

三、适应性管理

1. 措施调整

基于台账管理的思路，对每个矿山生态修复单元及区域内的每个矿山生态修复子项目、每个图斑，按照规则编制唯一编码，建立全链条和全生命周期的管理业务体系。这一系统性管理方法旨在确保矿山生态修复工作的全面性和持续性。通过该管理体系，能够集成分析生态保护监测评估结果，对不同区域的各种生态系统类型（尤其是自然生态系统）面积和用地性质的变化进行定量核算，有助于揭示自然生态空间的"生态盈亏"情况以及其流向，为制定有效的生态保护修复策略提供科学依据。

在管理体系的指导下，人们能够定量分析生态系统主导服务功能的变化情况，深入了解生态服务功能的"生态盈亏"状况及其变化原因。通过这些分析，生态修复团队能够及时发现可能导致偏离生态保护修复目标或对生态系统造成新破坏的因素，进而施行相应的生态保护修复举措和技术。这些举措和技术的推行需要严格按照规定程序进行审批，并对子项目的空间布局和时序安排进行调整修正，以确保矿山生态修复工作的有效性和可持续性。

2. 时机选择

监测成果应及时反馈到适应性管理过程中,指导管理决策和修复策略的调整,做到事前预防,事中控制,事后总结。这种紧密的联系和及时反馈机制是确保矿山生态修复工作顺利进行的关键。通过监测数据的持续收集和分析,可以提供有效的指导,以便在修复过程中及时调整策略,确保工作的顺利进行和最终的成功。

事前预防是关键。积极利用动态监测数据,做好信息整理与分析工作,对可能发生的事故做好预案。定期针对观测数据的变化做好预案的修订,建立健全风险管控和隐患排查治理双重预防机制。通过不断完善预案和提前介入,可以有效降低事故发生的概率,保障生态修复工作的顺利进行。

事中控制是核心。工程实施过程中,必然会带来周边生态系统的扰动。调整施工顺序,优化施工方案,在现状环境影响程度尽量小的前提下完成工程内容,达到工程目标。通过灵活调整施工方案和优化工程实施过程,可以最大限度地减少对周边生态环境的影响,确保生态修复工作的有效性,践行生态美丽、经济质量均衡绿色可持续发展的道路。

事后总结是保障。根据对每一次生态防治的原因、措施和结果的分析,积累宝贵经验,做好信息的采集、收集和记录,为后续防治措施的编制提供支撑,更好地完成生态文明建设的目标。通过对过程的总结和经验的积累,可以不断提高生态修复工作的水平,为未来的工作提供有力支持。

第七章　资金保障与管理保障

第一节　资金构成

一、资金构成

2019年12月我国出台了《自然资源部关于探索利用市场化方式推进矿山生态修复的意见》,明确以市场化运作、科学化治理的模式,加快推进矿山生态修复,2022年6月自然资源部出台了《关于2022年支持定点帮扶县实现巩固拓展脱贫攻坚成果同乡村振兴有效衔接意见》,明确指出要指导支持定点帮扶县开展生态保护修复,从乡村振兴视角推进矿山生态修复市场化。自然资源部两项意见的出台,为各地区的矿山生态修复工作提供了解决思路。

然而,由于广西矿产资源开发由来已久,长期高强度、大规模的矿产开采导致因矿山开采占用或损毁土地的图斑数量多、面积较大,同时造成矿区地质灾害、矿区土地资源损毁、水土流失、土壤重金属污染等多种负面问题,修复资金缺口大。依靠政府补助单一的矿山生态修复治理投融资模式,难以保障区域矿山生态修复预期目标的实现,积极探索矿山生态修复市场化迫在眉睫。本书以广西南方丘陵山地带(南宁)历史遗留废弃矿山生态修复示范工程项目为例,深入分析了广西丘陵山地带矿山生态修复资金构成及来源,为广西及周边省份矿山生态修复工作的实施提供参考路径。

广西南方丘陵山地带(南宁)历史遗留废弃矿山生态修复示范工程项目工程总投资逾5亿元,包括中央财政资金、地方财政资金、社会资本资金,各项资金占比分别为5∶4∶1。南方丘陵山地带地区矿山生态修复工程除参考本书案例的资金来源途径外,对资金构成的比重、来源、效益等亦可根据区域矿山的自然资源及地理位置禀赋条件,在最新的政策导向下,在符合国家、行业和相关政策规范下,作适时的补充。

二、投资测算依据与标准

广西南方丘陵山地带(南宁)历史遗留废弃矿山生态修复示范工程项目开展遵循了国家矿山生态修复指导方针政策文件,结合实际情况开展南宁历史遗留废弃矿山生态修复项目。主要测算依据文件如下。

(1)国家计划委员会、建设部关于发布《工程勘察设计收费管理规定》的通知(计价格〔2002〕10号)即《工程勘察设计收费标准(2002版)》。

(2)《财政部、国土资源部关于印发土地开发整理项目预算定额标准的通知》(财综〔2011〕128号)。

(3)国土资源部办公厅《关于印发土地整治工程营业税改征增值税计价依据调整过渡实施方案的通知》(国土资厅发〔2017〕19号)。

(4)《财政部关于印发〈重点生态保护修复治理资金管理办法〉的通知》(财资环〔2021〕100号)。

(5)国家计划委员会《招标代理服务收费管理暂行办法》(计价格〔2002〕1980号)。

(6)中国地质调查局印发的《地质调查估算标准(2010年版)》。

(7)《广西壮族自治区自然资源事业发展专项资金管理办法》(桂自然资发〔2021〕87号)。

(8)《关于印发广西壮族自治区土地开发整理项目估算编制暂行办法的通知》(桂财建〔2005〕147号)。

(9)《广西地质灾害防治工程预算标准》(2020年3月5日)。

(10)《广西壮族自治区财政厅 广西壮族自治区自然资源厅关于印发广西地质灾害防治工程预算定额标准的通知》桂财资环〔2020〕6号。

(11)《广西壮族自治区水利水电建筑工程预算定额》(2007年)。

(12)《广西壮族自治区水利水电工程设计概(预)算编制规定》(桂水基〔2007〕38号)。

(13)《南宁市建设工程造价信息》2022年第12期。

第二节 资金来源

一、中央资金

广西南方丘陵山地带(南宁)历史遗留废弃矿山生态修复示范工程项目中央财政资金支持占比约50%,中央资金主要用于项目区域内的矿山地质安全隐患治理、生态修复工程。

申报中央财政支持的项目范围根据《国务院办公厅关于印发自然资源领域中央与地方财政事权和支出责任划分改革方案的通知》(国办发〔2020〕119号)、《重点生态保护修复治理资金管理办法》等文件明确的中央与地方共同事权项目,不包括已享受中央财政支持的项目。其资金使用将根据中央资金到位情况及具体工程实施进度、实施情况,适时进行调整,在方案范围内统筹使用,保证资金使用及时、合法、合规,充分发挥资金使用效益。

二、地方资金

项目实施地方资金占比约为40%,在不增加地方政府隐性债务前提下,南宁市根据县(市、区)近三年的财政状况,统筹安排的地方资金来源主要包括一般公共预算和土地出让金收入,主要用于项目区域内的土地指标盘活、石方机械开挖投资和监测管护工程等。

地方资金的安排结合广西南方丘陵山地带(南宁)历史遗留废弃矿山生态修复示范工程项目实施进度目标,分三期拨付到位。一般公共预算三年期拨付比例为1∶5∶4,土地出让金三年期拨付比例为0∶5∶5。在项目实施工程建设期内,完成相关资金的拨付,保障项目主体修复目标任务的完成。

资金的使用严格执行专款专用和国库集中支付制度,按要求实行年度项目预算绩效评价和过程监管,确保项目资金严格按照工程进度拨付。

土地出让金收入主要包括建设用地整理指标和补充耕地指标通过公共交易平台交易所得收益,收益缴入同级财政,用于支持地方矿山生态修复工程。广西南方丘陵山地带(南宁)历史遗留废弃矿山生态修复示范工程项目的实施预计产生建设用地整理指标、补充耕地指标收益逾2亿元,项目的实施不仅不会新增政府隐性债务,还将进一步盘活废弃矿山土地资源。

建设用地整理指标收益来源主要依据《广西壮族自治区自然资源厅关于进一步加强和规范城乡建设用地增减挂钩项目管理工作的通知》等文件要求,衔接地方最新一轮国土空间规划,对项目区域内第三次全国土地调查及第二次全国土地调查前后均是采矿用地的矿山图斑,通过土地复垦整理产生建设用地指标。补充耕地指标收益来源对项目区域内第三次全国土地调查及第二次全国土地调查前后均是未利用地,且符合土地开发利用耕地适宜性条件,通过土地开垦方式形成补充耕地指标。

三、社会资金

2021年国务院办公厅发布了《关于鼓励和支持社会资本参与生态保护修复的意见》,2019年自然资源部发布了《关于探索利用市场化方式推进矿山生态修复的意见》,意见中明确提出了社会资本参与生态修复的要求。

广西南方丘陵山地带(南宁)历史遗留废弃矿山生态修复示范工程项目依据意见要求,积极探索"矿山生态修复＋"的模式。结合项目区的资源禀赋条件,择优引进了光伏产业,按照"矿山修复＋光伏风电资源开发"模式,捆绑资源经营权与土地使用权,允许投资者完成生态保护修复基本任务的同时,开展项目范围内矿山废弃地及周边区域风电、光伏资源开发,投资人按照风电0.2元/W、光伏0.1元/W反哺本项目生态修复,解决生态修复缺乏资金及总体投入不足等问题。

经详细的外业调查选址分析,项目实施范围内及周边区域共具有200MW分散式风电、200MW分布式光伏装机潜力,由南宁市人民政府作为实施主体引入相关新能源企业投资上述新能源项目建设,出具投资意向书,由市人民政府或所属区县人民政府与新能源投资企业签订"南宁市矿山修复新能源开发项目(200MW分散式风电和200MW分布式光伏)"投资开发协议,在协议中明确约定由该新能源项目投资企业出资用于广西南方丘陵山地带(南宁)历史遗留废弃矿山生态修复示范工程项目实施的金额。

南宁项目的实施模式已在广西丘陵山地带多个矿山生态修复项目中实践应用,吸引了行业头部企业等企事业机构的关注,以"矿山生态修复＋"参与区域生态修复工程,在保障项目资金投入的同时,提升了土地的利用率和经济效益,获得了社会的认可。

第三节 组织实施

一、加强组织领导,完善管理制度

1. 完善组织建设

建立完善的项目推进组织领导架构,为项目的实施工作提供了坚实的组织保障和协调支持。由市人民政府组织成立南宁市历史遗留废弃矿山生态修复示范工程工作小组及指挥部，工作小组由政府主要领导任组长和指挥长，成员包括市财政、自然资源、发展改革、生态环境、应急、水利、林业、农业农村等部门，以及相关经开区管委和各县（市、区）政府。各成员单位按照职责分工，各司其职、各负其责，同时加强协调联动，形成合力，统筹协调、指导、推进矿山生态保护修复示范工程的实施。指挥部下设办公室，设在市自然资源局，负责项目的统一组织和协调。市县各级政府为示范工程责任主体和实施单位，负责组织编制项目实施方案、监督项目具体实施、统筹协调项目实施过程遇到的困难和问题、确保项目如期完工及资金安全有效等。

2. 压实目标责任

按照市级统筹、分县实施的原则，由市级项目指挥部负责统筹全市历史遗留废弃矿山生态修复工作，负责部署下达全市历史遗留废弃矿山生态修复工作计划，制定全市历史遗留废弃矿山生态修复工作标准，督促指导有关县（市、区）、开发区历史遗留废弃矿山生态修复工作的开展。指挥部下设办公室，负责指挥部日常事务；负责建立工作机制，协调解决工作中遇到的困难和问题；不定期组织各成员单位召开工作会议；定期收集整理并报告工作进展情况；跟踪督查和宣传报道工作进展情况、建设成效；完成指挥部交办的其他事项。

根据国家、自治区的工作部署、目标任务，制定具体实施方案，每一项任务都落实到具体单位，按照"工作项目化、项目目标化、目标责任化"的要求，层层签订责任状，把工作任务层层分解落实到县，直至各具体工作责任人，形成一对一负责、环环相扣的责任目标保证体系。

3. 规范全程管理

建立项目实施定期协调会议制度、重大事项联席会议制度、信息通报制度等，制定工程领导小组职责和相关部门职责，制定了《工程实施考核管理方法》《工程项目管理办法》《工程项目资金管理办法》等，出台项目勘查、设计、招投标、实施、管理、验收、专家库管理、成果应用、绩效评价等相关的配套制度。同时，严格有关法律法规的执行，加大执法监督体系的建设力度，完善各项奖惩机制，建立投入新机制，以促进矿山地质环境保护、修复和经济的可持续发展。

4. 强化绩效考核

在矿山生态修复工程具体实施过程中，将项目实施与绩效考核相结合。通过有效的方案实施和绩效考核机制，确保生态修复工作顺利进行，构建起"自治区统一领导、县（市、区）组织实施、部门分工协作、社会共同参与"的生态修复工作格局。同时，建立健全项目的实施评估调整机制，不定期对项目实施进行分析，及时发现存在的问题并找出影响工程目标任务落实的主要因素，以便有针对性地提出解决方案，确保生态修复工作取得实质性进展。

在建立工程评价考核体系方面，将指标任务分解至各责任部门及县（市、区），签订明确的目标责任书，以保障修复成效的实现。以此明确各方责任，激励各相关部门和单位积极参与生态修复工作，推动工程目标的顺利实现。通过建立有效的评价考核体系，可以对生态修复工作的进展和成效进行全面评估,为未来的工作提供重要参考依据,促进矿山生态环境的持续改善和保护。同时,通过建立科学的绩效考核机制,对各阶段工作进行评估和考核,激励相关部门和人员积极参与生态修复工作,保障任务按时完成,提升工作的科学性与有序性,提升各主体间协作与配合的紧密性。

二、强化技术支撑,创新监管机制

1. 创新平台支撑

一方面,以自然资源部南方石山地区矿山地质环境修复工程技术创新中心为技术保障平台,加强产学研协同创新,引进技术人才,开展生态环境保护和修复技术、喀斯特石漠化治理技术、生态环境监测技术、生物资源开发技术、水资源合理利用技术等关键性的科技攻关、集成和示范。以工程实际为基础,研究不同类型历史遗留废弃矿山生态适宜性修复措施和技术,出台自然恢复适用条件、高陡立面治理等生态修复指南、导则或规程,并逐步探索完善相关标准规范体系,不断提高生态修复工作的科学技术水平。

另一方面,推动项目试点建设和生态修复模式创新探索,开展不同生态区域、不同矿山、不同技术手段生态修复示范工程建设,做好科学总结,形成"南宁经验""南宁标准",为广西及南方丘陵山地带矿山生态修复实施提供参考路径。

2. 注重技术指导

自然资源、环保、水利、农林等相关部门作为实施指导单位,充分发挥相关职能部门的技术指导作用。组成由环境保护、水利、农林、建设工程等行业专家为骨干人员的自治区、市、县三级专家组,按跨县域工程项目和县级行政区内实施的工程项目履行技术监控责任,邀请了国内外高校、科研院所、民间组织等单位的院士、知名学者等参与生态保护修复咨询工作,充分发挥科技支撑的作用。通过邀请专家团队全程跟踪项目实施,确保示范区生态保护修复工程符合国家政策要求和技术规范,达到预期效果。专业技术支持和科学指导从技术层面保证生态、社会、经济三者协调推进,实现生态保护修复资金满足效益最大化要求。

3. 创新监管机制

项目领导小组办公室将实行动态管理机制,建立了项目进度预警制度,及时发现并解决项目实施中的问题。同时,建立约谈、通报制度,通过多方面的监督手段促进项目按计划有序落实。设立项目月报和年报制度,重点抓好试点项目的跟踪监督工作,确保项目进展符合预期。通过"跟踪调研""跟踪检查""跟踪督办"等形式开展督导、督查工作,保障工程顺利实施,促进生态保护工作的有效展开。

三、做好宣传推广,增加社会关注

为加大历史遗留废弃矿山生态修复工程的影响力和推广力度,南宁市将加强媒体宣传,积极传播生态环境对人居环境的重要性,以及对生存和发展的意义。这种宣传不仅有助于引起公众对生态保护的关注,还能为历史遗留废弃矿山生态修复工程和南宁市整体生态环境的改善提升起到促进作用。同时,南宁市秉持参与式发展理念,鼓励重要企业、单位、社会团体和个人参与生态保护修复工程建设。通过实行项目公告制度,将相关政策、项目地点、规模、内容、资金构成等信息进行定期公示,以此激发公众参与矿山修复工程的热情,发挥公众监督的作用,确保工程的透明度和公正性,推动生态环境保护事业的顺利进行。这一举措将为南宁市的生态保护工作注入更多活力和动力,促进社会各界共同参与,共同建设美丽家园。

第四节　监督管理

一、严格监督检查,完善动态监管

1. 加强监督检查

加强历史遗留废弃矿山生态修复工程实施的督促检查,确保各项任务和措施落实到位。建立督查制度,由市政府组织相关部门组成督查组,对工程实施情况开展督查,及时发现、整改问题。建立完善的项目程序检查、前期工作检查、施工检查、工程质量检查、项目资金检查、招标投标及合同检查、项目组织机构检查、开工条件检查、工程监理检查、竣工验收检查一整套监督检查制度。严格审计监督,市财政、审计、监察部门建立公告公示和电话举报制度,对生态保护修复工程的项目设计、招标、监理、验收进行监督,对履职不好、弄虚作假或违规使用管理专项资金的,一经查实,将按照有关规定进行处理,情节严重或因工作失责造成重大损失的,将依法依规追究责任。

2. 完善动态监管

对项目实行动态管理,对工程整体进展、具体项目和资金的落实情况,采用"双随机一公开"监管机制开展督查,及时掌握项目实施进展情况、资金支付情况、项目推进过程中遇到的困难和问题,确保工程按时序进度实施并取得实效。实施以县(市、区)为单位的工程进度"红黑榜"制度,要求试点县(市、区)针对每一个项目倒排工期,严格按照各时间节点进行督办。

二、强化适应性管理,推行科学实施

1. 强化科学评估

制定项目实施细则和相关规章制度,建立考核体系,明确重点子项目的责任单位、任务目标。从投入、过程、产出等方面科学设置评价指标和标准,构建历史遗留废弃矿山生态修复工程成效评估体系,对工程进行绩效考核评价。生态保护修复方案推进过程中,对工程项目建设任务管理措施得当、组织落实有力、考核结果优秀的县(市、区),将从自治区级、市级整合掌握的资源上给予适度倾斜,并在项目审批、资金划拨等方面予以优先安排。对协调组织安排失当、项目推进不力、不深入实地解决具体问题、任务完成不好、不合格的县(市、区),将给予

通报批评,并责令整改。采用以奖代补的方式,加强项目建设考核评估机制。

2. 推行适应性管理

充分利用自然资源调查监测体系和生态环境监测结果,以及相关部门、科研机构及院校的长期监测数据和研究成果,综合运用遥感、大数据等技术手段进行比对核查,实现实时动态、可视化、可追踪的全程全面监测监管。在项目实施区建立生态监测点位,将生态保护红线及生物多样性、石漠化防治、水土流失防治、区域地质环境等纳入监测内容,对实施区实施、后期管护等全过程实行动态监测和生态风险评估。对于绩效评估结果不到位和不合理区域,实施动态调整机制,针对工程实施中出现的问题及时调整技术方案、修复措施等,对生态风险及其措施难以诊断预测的,采取保护保育方式,严防对生态系统造成新的破坏或导致逆向生态演替。在实施过程中及实施后,对水环境、生态环境以及敏感区域,对项目落实不到位情况进行结果评价,对生态造林、种草等防石漠化措施,适时提出优化调整建议和相应改进的对策措施,减缓、补偿工程建设和运行中造成的不利影响,调整治理措施实施区域,确保工程建设按标准质量和预期指标完工。

3. 注重后期管护

推动建立工程项目后期管护制度,明确试点工程项目后期管护主体、监督责任人、落实管护队伍和管护措施,巩固生态保护修复成果。工程验收合格后,各工程项目业主应尽快与项目所在县(市、区)人民政府管护单位办理项目的移交手续。南宁市组织有关单位对工程项目后期管护工作情况进行不定期检查,通过设立举报公开电话、将治理要求纳入村规民约等方式,鼓励公民参与监督管理。鼓励以县(市、区)为单元,建立专业管护队伍,统一负责辖区试点工程项目运行、管理与维护。将试点工程项目后期管护工作经费列入年度财政预算,统筹安排管护和工作经费,保障项目后期管护工作正常进行。

三、多方筹措资金,加强管理整合

1. 鼓励社会参与

鼓励社会资本积极参与。以财政资金为保障,吸收社会资本参与,充分发挥财政资金杠杆作用,培育、扶持、促进生态修复产业发展。同时,实施主体市人民政府可根据具体工程性质,通过政策引导、放宽市场准入、完善公共服务定价、实施特许经营、落实财税和土地政策、完善收益分配方式,建立风险防控机制,吸引和聚集更多社会资本投入生态保护与修复工程当中。按照"谁投资、谁受益"的原则,逐步引导和规范公司、企业等社会资本参与"历史遗留废弃矿山"生态保护和修复工程项目,丰富生态环境保护资金的投资主体和融资载体,积极探索基础设施资产证券化(ABS)等多种社会融资方式,促进具备一定收益能力的项目形成市场化融资机制。

2. 加强资金整合

地方财政加大资金投入和资金整合力度。市、县两级人民政府加大历史遗留废弃矿山生态修复工程建设资金支持力度,通过整合各领域资金,按照"职责不变、渠道不乱、资金整合、打捆使用"的原则,优先支持生态修复示范工程项目,确保资金使用的高效性和专业性,切实做到"预算一个盘子,支出一个口子",发挥资金使用合力。确保每一笔资金的使用都能够得到最大化的效益,发挥资金使用的合力效应,推动历史遗留废弃矿山生态修复工程的顺利实施。

3. 严管资金使用

根据财政部 2021 年发布了《关于印发〈重点生态保护修复治理资金管理办法〉的通知》,制定项目实施对应的《专项资金管理办法》。项目资金下达具体承担历史矿山修复项目的县区一级财政部门,执行"专款专用,独立核算",执行国库集中支付制度,强化财务审计和监督制度,财政、自然资源、审计等部门定期或不定期对项目资金使用情况开展联合督查,切实提高资金使用效益,确保资金安全,严禁挤占、挪用、串用、截留,发现问题及时整改,违法违规的严肃处理。

第八章 效益分析

第一节 总体效益

一、建立南方喀斯特石漠化地区废弃矿山生态修复固碳增汇技术体系

矿山的开采导致大量土地损毁,基岩裸露地表,植物生长环境遭到破坏,矿区固碳能力基本丧失,区域碳平衡被打破,致使南方生态安全屏障的稳定性受到严重影响。南宁历史遗留废弃矿山生态修复项目针对南方喀斯特石漠化地区废弃矿山重大生态问题,以防患减灾、保水固土、防治石漠化、生态改善、人居协调和固碳增汇为主要目标,遵循自然恢复为主,人工干预为辅的原则,通过大量采用生态护坡、土壤改良等基于自然的技术方法,建立南方喀斯特石漠化地区废弃矿山生态修复固碳增汇技术体系(表8.1),达到优化土地利用方式、大幅减少工程投入、减少过程碳排放的目的,推动矿山生态修复全过程深度减排与长效固碳增汇。同时该项目引入喀斯特石漠化地区"矿山修复＋光伏风电资源开发"综合治理模式,通过矿区植被固碳与可持续能源开发的互馈机制,提升矿区碳减排、碳储存能力,实现矿山碳中和的可持续能源减排和生态增汇相协同的空间优化,助推"双碳"目标实现,为喀斯特石漠化地区废弃矿山生态修复提供南宁样板。

表8.1 喀斯特石漠化地区废弃矿山生态修复固碳增汇技术体系

目标	工程措施	技术方法	技术要点
节能减排	地形地貌重塑	地表处理	自然恢复＋传统修复方法
		边坡防护	坡率法、削坡、传统加固、生态护坡
提高土壤碳降污减排协同	土壤重构	土壤改良	物理改良、化学改良、生物改良
引导型修复提高植被碳汇	植被重建	自然恢复	封山育林
		人工修复	人工植树种草
		生物多样性保护	改善群落生态环境＋自然恢复
降污减排协同提高生态碳汇	坑塘水面修复	生态恢复与重建	生态岸坡
土地资源转型利用	清洁能源工程	光伏发电	茶光互补
		风力发电	陆上风力发电

二、创新南方石山地区矿山废弃地综合修复利用典型模式

南宁历史遗留废弃矿山生态修复项目将矿山生态修复与产业有机结合,对于平地或缓坡区(坡度≤25°),将其恢复成耕地,种植当地粮食作物、经济作物;对于坡度25°以上区域,将其恢复为林草地,同时在符合用地条件情况下,实施分散式风电项目(面积≤20亩、太阳照射不佳、风力资源良好的区域)和分布式光伏项目(面积＞20亩、太阳照射倾角合适的区域),使土地资源得到充分利用,形成"矿山生态修复＋土地资源盘活＋生态农业＋光伏风电"矿山废弃地综合修复利用典型模式,带动实现产业结构的优化调整,助推乡村振兴战略的深入实施,为边疆民族地区的高质量发展奠定坚实的基础。

三、探索"矿山修复＋光伏风电资源开发"社会资本参与生态修复南宁模式

南宁历史遗留废弃矿山生态修复项目以矿山生态修复问题为导向,遵循"闲置低效资源利用、能源再生、原位修复、生态增值"的生态理念,探索"矿山修复＋光伏风电资源开发"模式,吸引社会资本参与矿山生态修复工作。该模式将生态环境治理项目与资源、产业开发项目有效融合,以产业盈利反哺生态环境治理,着力解决生态环境治理缺乏资金来源渠道、总体投入不足、生态效益难以转化为经济收益等瓶颈问题;同时该模式通过捆绑资源经营权与土地使用权,允许投资者完成生态保护修复基本任务的同时,以延长产业链的方式开发关联产业,将生态保护修复项目产生的外部效应附着于开发产业的产品与服务中,促进生态环境资源化、产业经济绿色化,提升区域可持续发展能力,实现"绿水青山"向"金山银山"的有机转化。

第二节 生态效益

一、有效提升区域生态系统质量,筑牢南方生态安全屏障

本示范工程项目通过土地碎片化整合、辅助再生、生态重塑等方式,采用"乔—灌—藤—草"四位一体立体生态修复模式对矿区损毁的土地、裸露的基岩等进行修复,累计开展水土流失治理 $213.86hm^2$,石漠化防治 $300.91hm^2$。项目累计实施保护保育、农用地质量修复提升 $471.74hm^2$,重要物种栖息地保护 $13.26hm^2$,重要耕地保护 $37.2hm^2$。项目的实施将直接改善区域地形地貌及地被条件,降低地表径流冲刷及风化侵蚀的影响,遏制水土流失及石漠化问题的加剧,进一步消除影响矿区生态恢复的胁迫因子。修复后矿山区域植被覆盖面积逐年增加,水源涵养、防风固沙和水土保持等生态系统功能逐渐恢复,土壤理化性质改善,适宜动物栖息的生境面积逐年扩大,周边地区的动物逐步回归,生物多样性升高。项目区域"微生物—植物—动物"的生物链趋于完整,生态系统物质流、能量流和信息流增强,生态承载力和生态系统的稳定性得到恢复和提高。因此,项目的实施将有效提升区域生态环境质量,筑牢绿城生态安全屏障。

二、生态系统碳汇巩固提升,赋能"双碳"战略

在碳中和的背景下,历史遗留废弃矿区生态修复已成为集实现矿山生态修复、提高土地利用程度以及兼顾提升矿区碳汇能力为一体的重要手段。实现矿区碳中和的重点在于确保矿区修复后土地再利用程度的提高,例如本工程项目通过制定经济合理、安全高效、切实可行的矿区复垦复绿方案,实现土地复垦复绿,提升土壤的固碳能力,改善生态环境。通过土体重构、生物修复、农业生态修复等技术,不断改善矿区土壤质量和植被覆盖率,最大限度地提高土壤和植被固碳能力。同时,本示范工程项目按照"宜林则林,宜草则草"原则进行修复,全方位拓展固碳渠道,加强废弃矿区资源再利用,最大限度地改善矿区生态环境。项目实施完成后,将有耕地219.49 hm^2,林地196.09 hm^2,草地275.39 hm^2,园地43.84 hm^2,查阅文献资料整理相关学者研究成果,得到南宁市耕地、林地、草地、园地的碳汇固碳系数(表8.2),经测算,来自植物、土壤的年碳汇量将增加6 812.46 tCO_2e,增加了项目实施区域的固碳增汇能力。

表8.2 南宁市不同土地碳汇固碳系数

地类	耕地面积/hm^2	碳吸收系数/$(t \cdot hm^{-2} \cdot a^{-1})$	年碳汇量/tCO_2e
耕地	219.49	10.45	2 293.67
林地	196.09	11.23	2 202.09
草地	275.39	6.83	1 880.91
园地	43.84	9.94	435.77
合计	734.81		6 812.46

第三节 社会效益

一、消除矿区安全隐患,筑牢生产生活安全防线

矿山开采在为我们提供丰富矿产品的同时,也存在着各种安全隐患。这些安全隐患可能对矿工的生命安全、环境保护以及矿山运营产生严重影响。本示范工程项目通过采取危岩清理、削坡、护坡及生态修复等措施消除历史遗留废弃矿山存在的地质安全隐患,对南宁市废弃矿山图斑内的258处安全隐患进行全面排查治理,共清理危岩38.34万 m^3,治理边坡129.28 hm^2。有效降低历史遗留废弃矿山引发的地质灾害、生态灾害风险,使矿区周边基础设施、工业区企业及居民的生命财产安全得到保障,达到防灾减灾的目的,有利于促进社会和谐稳定发展。

二、促进社会与生态协调统一,促进生态文明建设

本示范工程项目的实施,在有效改善矿区及周边山体生态环境的同时也促进了当地经济的可持续发展。将矿山生态修复与文化旅游和乡村振兴等相融合,走生态产业化治理道路,积极探索"生态+园区""生态+光伏""生态+农业""生态+文旅"等生态产品价值实现的路

径。矿山修复后的土地可用于产业培育和发展绿色产业。通过生态修复的景观设计手法,恢复矿山自然生态和人文生态,开展生态旅游和观光。相关产业的培育和导入,可以增加当地就业机会,促进经济的发展,实现经济效益、生态效益、社会效益的和谐统一,为经济的繁荣稳定和社会的和谐发展做出积极贡献。

三、增强全民生态环境保护意识,生态文明观念深入人心

生态文明建设需要久久为功,对历史遗留废弃矿山进行生态修复,让公众对生态修复、环境保护的重要性和价值有了更充分地认识,树立了生态价值意识,形成对自然生态敬畏的价值理念。公众参与生态修复过程,将工程项目区生态环境保护视为己任,培养生态责任和生态道德意识。通过了解和掌握生态治理与保护的基本常识和理念,树立生态知识的学习教育意识,尊重自然、顺应自然、保护自然的生态文明建设核心理念逐步深入人心,最终形成全员共治、共管、共享的生态文明新格局。

第四节 经济效益

一、增加有效耕地面积,提高粮食产能

矿山开采活动导致矿区的耕地面积减少,同时土地的性能降低,导致粮食产能大幅度减少甚至不能进行农作物种植,通过矿山生态修复工程可有效增加耕地面积。本书中所研究的广西南方丘陵山地带(南宁)历史遗留废弃矿山生态修复示范工程项目,实施后项目区的有效耕地面积可增加百余公顷,耕地质量修复提升面积百余公顷,在一定程度上缓解建设占用耕地压力,提高项目行政辖区粮食产能,对确保区域粮食安全具有重要意义。同时,还可以促进耕地集中连片,便于规模经营。针对部分废弃矿山造成的农田分割及田块破碎,矿山土地复垦将最大限度地恢复原有农田生态格局,促使耕地集中连片,便于规模经营。通过复垦工程及生物措施,极大地改善了农业基础条件,便于推广现代农业技术,提高粮食种植效益。

二、优化城乡建设用地布局,提高土地集约利用水平

做好工矿废弃地复垦利用,对优化城乡建设用地布局,提高土地集约利用水平具有十分重要的意义。一方面,将几乎零效益的工矿废弃地复垦为耕地,提高了土地的集约利用水平和产出效益,促进了土地资源的再生利用;另一方面,通过复垦区的复垦治理,缩减了建设用地规模,将节约的建设用地指标用到城市建设发展最需要的地方,是寻求建设用地指标的一种新的重要途径,能有效拓展建设用地发展空间。

三、保障区域及周边企业居民生命财产安全,促进经济高质量发展

广西南方丘陵山地带(南宁)历史遗留废弃矿山生态修复示范工程项目的实施不仅可以有效降低历史遗留废弃矿山地质安全问题和生态灾害风险,减少历史遗留废弃矿山对周边基础设施、工业区企业及居民的生命财产造成的损失,为矿区及周边的生产、生活创造有利条

件,而且有利于经济的发展和社会的安定,起到安定民心,促进当地经济高质量发展的作用,经济效益较大。

四、深挖矿山修复的经济价值,为修复后综合开发利用提供条件

生态修复项目不仅能产生巨大的生态效益,提升环境承载力,同时能助推美丽绿色经济,向社会提供高品质的生态产品,通过产业开发,带动群众致富,进而获得良好的经济效益和社会效益,真正体现"绿水青山就是金山银山"的理念。矿山修复后可以因地制宜布局发展生态农业、文化休闲、乡村旅游、工业仓储等产业,积极促进生态产品价值实现;也可以通过在矿区可利用场地发展光伏风电及储能等可再生能源工程,为区域电力需求提供保障,为区域发展提供基础,为当地居民提供就业岗位,增加当地居民的经济收入,改善当地居民生活条件。

结　语

本示范工程紧紧围绕《全国重要生态系统保护和修复重大工程总体规划（2021—2035年）》中南方丘陵山地带重要生态屏障功能和矿山生态修复的定位,通过实施综合治理,减少水土流失,加强地下水系统保护,提高矿区水土保持和水源涵养功能消除地质灾害安全隐患,保障群众生命财产安全,强化水土流失和喀斯特石漠化综合治理。

在技术层面上,大量采用生态护坡、土壤改良等基于自然的技术方法,建立了南方喀斯特石漠化地区废弃矿山生态修复固碳增汇技术体系,提升项目区来自植物、土壤的年碳汇量6 812.46tCO_2e。引入矿区植被固碳与可持续能源开发的互馈机制,构建了喀斯特石漠化地区"矿山修复＋光伏风电资源开发"综合治理模式,打造"矿山生态修复＋土地资源盘活＋生态农业＋光伏风电"矿山废弃地综合修复利用典型模式。

在生态修复上,采用"乔-灌-藤-草"四位一体立体生态修复模式对矿区损毁的土地、裸露的基岩等进行修复,修复后矿山区域植被覆盖面积逐年增加,水源涵养、防风固沙和水土保持等生态系统功能逐渐恢复,土壤理化性质改善,适宜动物栖息的生境面积逐年扩大,周边地区的动物逐步回归,生物多样性升高,促进区域生态环境质量有效提升。

在社会效益上,采取危岩清理、削坡、护坡及生态修复等措施消除历史遗留废弃矿山存在的地质安全隐患258处,使矿区周边基础设施、工业区企业及居民的生命财产安全得到保障,促进社会和谐稳定发展。缩减了建设用地规模,提高了土地的集约利用水平和产出效益,将节约的建设用地指标用到城市建设发展最需要的地方。

在农业生态上,将几乎零效益的工矿废弃地复垦为耕地,增加项目区的有效耕地百余公顷,耕地质量提升百余公顷,项目区粮食产能大幅增加,最大限度地恢复原有农田生态格局,促使耕地集中连片,极大地改善了农业基础条件,便于推广现代农业技术和规模经营,提高粮食种植效益。

在可持续发展上,有效平衡经济增长和环境保护的关系,促进了矿山废弃地再利用,保障粮食安全,促进了社会经济高质量发展,改善人居环境治理,实现人与自然和谐共生,极大地保护与修复南方丘陵山地带的生态环境条件,在环境保护与经济发展之间取得良好平衡。

通过对本示范工程的研究,我们得以一窥广西壮族自治区党委、区政府和南宁市市委、市政府保护好广西山山水水的决心,南宁市废弃矿山生态修复工作的整体情况,"一屏一带四单元"矿山生态修复总体布局,尊重自然、顺应自然、保护自然的废弃矿山生态修复方式,"布局引导、单元管控、重点治理"的修复思路等等,南宁市废弃矿山生态修复的好经验、好做法将为今后开展喀斯特石漠化地区废弃矿山生态修复提供有力的示范样板。

在未来,我们还将持续深入挖掘广西其他矿山修复工程,着力形成更多可复制、可推广、可持续的矿山生态修复多元集成示范实践样板,推动绿水青山向金山银山高质量转化,助力更多地区开展类似工作,为全国生态文明建设贡献更多的广西力量。

参考文献

卞正富,雷少刚,王楠,2023.生态文明背景下的矿山生态修复模式[J].中国土地(11):1002-9729.

卞正富,于昊辰,韩晓彤,2022.碳中和目标背景下矿山生态修复的路径选择[J].煤炭学报,47(1):449-459.

曹瑾,2024.推进矿山生态修复提升环境质量[N].包头日报,2024-01-29(007).

曹宇,王嘉怡,李国煜,2019.国土空间生态修复:概念思辨与理论认知[J].中国土地科学,33(7):1-10.

陈浮,华子宜,郭维红,等,2024.美丽中国视域下矿山生态修复:逻辑演进、科学内涵和行动方略[J].化工矿物与加工,53(2):1-11.

代宏文,2010.矿区生态修复技术[J].中国矿业,19(8):58-61.

董珂,2023.矿山生态修复监管法律问题研究[D].太原:山西财经大学.

方星,2019.矿山生态修复理论与实践[M].北京:地质出版社.

付兆雯,2008.石漠化治理的有效途径[J].中国林业(9):9-46.

高世昌,2022.国土空间生态保护修复范式与实践[M].北京:中国大地出版社.

关军洪,郝培尧,董丽,等,2017.矿山废弃地生态修复研究进展[J].生态科学,36(2):1008-8873.

韩帅,惠淑君,孙强,等,2023.基于地质安全评价的废弃矿山高陡边坡生态修复技术研究[J].华东地质,44(2):216-227.

胡亮,贺治国,2020.矿山生态修复技术研究进展[J].矿产保护与利用,40(4):40-45.

胡振琪,2019.我国土地复垦与生态修复30年:回顾、反思与展望[J].煤炭科学技术,47(1):25-35.

胡振琪,赵艳玲,2021.矿山生态修复面临的主要问题及解决策略[J].中国煤炭,47(9):2-7.

黄爱民,费勇强,罗义,等,2024.废弃矿山生态修复中土壤重构的策略研究[J].资源节约与环保(1):121-124.

黄锡生,李旭东,2024.碳中和目标下矿山生态修复的制度困境与规范调适[J].中国地质大学学报(社会科学版),24(1):21-34.

江凡,2021.桂林漓江流域生态环境现状分析及修复治理研究[J].有色金属文摘,36(5):115-117.

姜丽丽,李少飞,徐洪伟,2023.历史遗留废弃矿山生态修复现状及治理对策研究[J].自然资源情报(1):22-27.

蒋文翠,杨继清,彭尔瑞,等,2022.矿山生态修复研究进展[J].矿业研究与开发,42(4):127-132.

蒋瑛,刘婷,朱远乐,2022.矿山固体废弃物综合利用相关法律及政策梳理[J].现代矿业,38(11):232-236.

金一鸣,2015.矿山废弃地工程绿化技术模式生态修复效益研究[D].北京:北京林业大学.

李锋,成超男,杨锐,2022.生态系统修复国内外研究进展与展望[J].生物多样性(30):22519.

李海东,马伟波,胡国长,2022.矿区修复生态学理论与实践[M].北京:中国环境出版集团.

李洪远,莫训强,2016.生态恢复的原理与实践[M].北京:化学工业出版社.

李科心,2018.矿山土地复垦与生态恢复治理措施研究[J].矿山测量,46(3):119-121.

李丽清,2022.县级国土空间生态问题识别及保护修复分区研究——以桂林市临桂区为例[J].自然资源情报(1):49-56.

李梦露,何舸,王成坤,2021.新时期国土空间矿山生态修复规划研究:以南宁市为例[J].中国矿业,30(7):71-77.

李梦瑶,尹建军,陈思帆,2024.从采矿山到"彩"矿山[N].海南日报,2024-01-11(A07).

李荣,2023.废弃矿山生态修复思路及技术方法[J].中文科技期刊数据库(全文版)自然科学.

李心江,2010.石漠化地区植被快速恢复技术[J].农技服务,27(6):788-788.

梁天昌,欧莉莎,张朝玉,2021.矿山废弃地生态修复技术研究[J].环保科技,27(5):59-64.

刘如,2023.矿山废弃地生态环境修复技术[J].安徽农学通报,29(22):95-98.

刘少君,刘博,2019.矿山生态修复研究综述[J].世界有色金属,(10):170-171.

卢威任,黄高斌,王涛,等,2023.废弃露天矿山生态修复治理探讨[J].中国金属通报(1):195-197.

牛一乐,刘云国,路培,等,2005.中国矿山生态破坏现状及治理技术研究进展[J].环境科学与管理(5):59-60+66.

邱祥洪,2021.废弃露天矿山生态修复措施及效益[J].中国金属通报(7):2.

田其云,张明君,2022."双碳"目标下矿山修复规划制度的创新[J].中国人口·资源与环境,32(12):41-51.

王震洪,朱晓柯,2006.国内外生态修复研究综述[C].中国水土保持学会,发展水土保持科技,实现人与自然和谐——中国水土保持学会第三次全国会员代表大会.北京.

吴次芳,2019.国土空间生态修复[M].北京:地质出版社.

吴孔运,蒋忠诚,罗为群,2007.喀斯特石漠化地区生态恢复重建技术及其成果的价值评估——以广西平果县果化示范区为例[J].地球与环境,35(2):159-165.

武强,刘宏磊,陈奇,等,2017.矿山环境修复治理模式理论与实践[J].煤炭学报,42(5):8.

夏小兴,2023.废弃矿山生态环境修复现状及治理对策研究[J].中国金属通报(6):213-215.

向宁,植小敏,2023.把废弃矿山变为"财富"——广西推进矿山生态修复略纪[J].南方自然资源(4):18-20.

谢鹏宇,2023.矿山废弃地生态问题及修复方法研究[J].南方农机,54(7):50-52.

许晓明,胡国峰,邵雁,等,2022.我国矿山生态修复发展状况及趋势分析[J].矿产勘查,13(Z1):309-314.

闫石,孟祥芳,马妍,等,2023.矿山生态修复成效评估[J].洁净煤技术,29(S2):593-599.

杨洪飞,2021.废弃矿区的生态修复技术研究[M].北京:北京工业大学出版社.

杨振华,2023.煤矿开采固体废弃物对环境的损坏及治理方法[J].山西化工,43(2):220-221+228.

姚万森,袁颖,刘亚涛,等,2021.矿山生态修复理论基础及应用[M].北京:地质出版社.

叶宗达,2022.桂林漓江流域山水林田湖草沙一体化保护和修复[M].武汉:中国地质大学出版社.

袁鹏,尚修宇,胡术刚,2018.矿山修复治理的现状与技术[J].世界环境(3):3.

翟文龙,2022.国内外矿山生态修复现状与对策分析[J].有色金属(矿山部分),74(4):115-118.

张晖,2014.喀斯特石漠化治理增汇型种植与低碳型养殖模式与示范[D].贵阳:贵州师范大学.

张进德,郗富瑞,2020.我国废弃矿山生态修复研究[J].生态学报,40(21):7921-7930.

张绍良,朱立军,侯湖平,等,2014."五位一体"视域下的矿山生态修复[J].环境保护,42(Z1):72-74.

张小连,张文炤,武成周,等,2020.矿山地质环境治理工程技术[J].能源与环保,42(10):1003-0506.

赵天尧,武新丽,张冲,2022.碳中和视角下露天废弃矿山生态修复技术优化[J].冶金管理(18):63-67.

自然资源部国土空间生态修复司,中国自然资源经济研究院,2022.矿山生态修复管理法律法规文件汇编[M].北京:地质出版社.

LEVESQVE A,BELANGER N,PODER T G,et al.,2020. From white to green gold: Digging into public expectations and preferences for ecological restoration of asbestos mines in southeastern Quebec,Canada[J]. The Extractive Industries and Society,7(4):1411-1423.

GASTAUER M,SILVA R J,JUNIOR C F C,et al.,2018. Mine land rehabilitation:

Modern ecological approaches for more sustainable mining [J]. Journal of Cleaner Production,172:1409-1422.

YANG Q,BI G,2019. Research on the pattern and supporting measures of ecological protection and remediation in the ecotope of Ridge and Valley Province: Based on the pilot project of ecological protection and remediation of "two rivers and four mountains" in Chongqing[J]. Acta Ecologica Sinica,39:8939-8947.

ZHAO T,LIU Y,DENG Y,et al.,2023. Progress and prospect of mine ecological restoration in China[J]. Journal of Resources and Ecology,14(4):681-682.

ZHAO W,WU S,CHEN X,et al.,2023. How would ecological restoration affect multiple ecosystem service supplies and tradeoffs? A study of mine tailings restoration in China[J]. Ecological Indicators,153:110451.